# DU
# MAGNÉTISME ANIMAL,

Par M. Rostan,

MÉDECIN DE L'HOSPICE DE LA VIEILLESSE (femmes), etc.

(*Article inséré dans le treizième volume du Dictionnaire de Médecine.*)

PARIS,

DE L'IMPRIMERIE DE RIGNOUX,

rue des Francs-Bourgeois-Saint-Michel, n° 8.

1825.

DU

# MAGNÉTISME ANIMAL.

Par M. Rostan,

MÉDECIN DE L'HOSPICE DE LA VIEILLESSE (femmes), etc.

(Article inséré dans le treizième volume du Dictionnaire de Médecine.)

PARIS,

DE L'IMPRIMERIE DE RIGNOUX,

rue des Francs-Bourgeois-Saint-Michel, n° 8.

1825.

DU

# MAGNÉTISME ANIMAL.



MAGNÉTISME ANIMAL, s. m., de μάγνης, aimant. Ce mot a plusieurs acceptions. On doit entendre par *magnétisme animal* d'abord un *état particulier du système nerveux*, état insolite, anomal, présentant une série de phénomènes physiologiques jusqu'ici mal appréciés; phénomènes ordinairement déterminés chez quelques individus par l'influence d'un autre individu exerçant certains actes dans le but de produire cet état. On appelle aussi *magnétisme animal* les procédés par lesquels on fait naître les phénomènes dont nous parlons. Ainsi l'on dit exercer le *magnétisme*, etc.; c'est sans doute un vice du langage. La suite fera connaître les autres acceptions de ce mot.

Pour les personnes qui exercent le magnétisme animal, les principaux phénomènes sont: la somnolence, le sommeil, le somnambulisme, un état convulsif. Le sommeil est caractérisé par la suspension complète de l'exercice des sens; le somnambulisme, par la faculté de parler dans ce sommeil, de reconnaître les objets extérieurs par des voies insolites et inconnues; de n'entendre que les personnes qui touchent la personne magnétisée, etc., phénomènes que nous exposerons plus tard avec quelques détails.

On les fait naître par la ferme volonté, le vif désir de les obtenir, et par des gestes. Ces gestes consistent à promener les mains du haut en bas sur le trajet des nerfs des membres; d'exercer certaines pressions sur diverses parties du corps; procédés que nous ferons aussi connaître dans un paragraphe particulier.

Existe-t-il des phénomènes insolites, hors de l'état physiologique habituel, qui semblent être une exception aux règles ordinaires de la nature, auxquels on a donné le nom de phénomènes magnétiques? Leur existence ne serait-elle fondée que sur l'erreur des sens de certaines personnes et sur la fourberie de quelques autres?

Si ces phénomènes existent, quels sont-ils au juste? quelle créance peut-on leur accorder? quelles bornes faut-il leur assigner? comment peut-on les produire? le magnétisme animal peut-il avoir quelque influence en médecine? peut-il devenir un agent thérapeutique lorsqu'on l'exerce directement sur un malade? existe-t-il chez quelques magnétisés une clairvoyance particulière qui puisse fournir des lumières sur les maladies dont ils sont eux-mêmes affectés, et sur celles des personnes qu'on peut soumettre à leur exploration? peuvent-ils prescrire les remèdes convenables? à quoi peut-on attribuer les phénomènes magnétiques, etc.? Telle est la série de questions que nous allons nous efforcer de résoudre.

C'est une tâche vraiment délicate que celle que nous sommes appelés à remplir. Une lutte violente s'est établie entre les partisans du magnétisme et ses antagonistes. Parmi les premiers, comme il n'existe que peu de gens qui aient étudié sévèrement la nature, l'homme, les sciences exactes, il est presque tacitement convenu que le savant, le médecin, qui embrassent ces croyances se couvrent d'un ridicule ineffaçable. Parmi les adversaires du magnétisme je ne rencontre que des gens du plus grand mérite, dont l'opinion fait loi dans les sciences, dont l'approbation est la plus grande récompense, et dont le mépris est une condamnation sans appel. Un homme qui écrit sur le magnétisme, placé dans une position aussi désavantageuse, aura-t-il assez d'indépendance pour proclamer son opinion si elle est favorable au magnétisme, et braver le ridicule qui l'attend, pour ainsi dire, d'une manière inévitable? Peut-on se résoudre de gaieté de cœur à partager le sort de gens que l'on tourne en dérision? Ne faut-il pas un courage peu commun pour oser être équitable dans une pareille question? Le désir si naturel d'être loué par les personnes qu'on estime le plus, la crainte non moins naturelle d'encourir leurs reproches, n'auront-ils aucune influence sur le jugement qu'on est chargé de porter? Mais un homme d'honneur doit-il avoir d'autre juge que sa conscience? est-il quelque considération qui puisse l'arrêter? N'est-ce pas alors que le ridicule ou même le blâme devraient l'accabler?

La vérité doit être l'idole de celui qui étudie les sciences avec quelque élévation philosophique.

Nous nous proposons donc de dire ce que nous croyons être la vérité, c'est-à-dire ce que nous ont appris nos sens, ce que nous avons vu et entendu; nous ne prétendons imposer notre croyance à qui que ce soit. Nous n'exigeons pas qu'on nous croie: ce que nous allons écrire est trop singulier, trop inouï; mais nous désirons qu'on examine. Que celui qui voudra nier descende dans sa conscience, et se demande s'il a répété les expériences, s'il les a faites assez nombreuses, avec assez de soin, dans le véritable dessein de s'instruire. S'il se trouve dans ces conditions, il est en droit de juger. Jusque-là, qu'il s'en abstienne; il n'est pas compétent. Je ne dicte pas mon opinion, j'en appelle aux sens et à la bonne foi des lecteurs. Voyez par vous même, vous ne pourrez croire que lorsque vous aurez vu.

Lorsque, fort jeune encore, j'entendis parler pour la première fois du magnétisme animal, les faits qu'on me racontait étaient si peu en rapport avec les phénomènes physiologiques que je connaissais, ils m'étaient présentés avec un enthousiasme si ridicule, les prétentions de ses partisans me parurent si exagérées, que j'eus pitié de gens que je croyais atteints d'un genre nouveau de folie, et qu'il ne me vint pas seulement dans l'idée qu'un individu raisonnable ajoutât jamais foi à de pareilles chimères. Ce qui fortifiait encore plus mon incrédulité c'est que les personnes qui les premières me racontèrent ces merveilles étaient entièrement dépourvues de jugement. De plus, voulant acquérir quelques connaissances sur cette matière, je consultai l'Encyclopédie, dont les auteurs avaient toute ma confiance, et je ne trouvai que des antagonistes du magnétisme. Ainsi mon opinion, corroborée par celle des maîtres de l'art, par la conclusion des membres de l'Académie des sciences, de celle des membres de la Société royale de médecine, etc., chargés de faire leur rapport sur cette découverte, je me crus suffisamment instruit, et taxai le magnétisme de jonglerie, d'imposture, ne voyant dans les magnétiseurs que ce que voient encore bien des gens, c'est-à-dire des dupes ou des fripons. Pendant plus de dix ans je parlai et j'écrivis dans ce sens. Exemple déplorable d'une aveugle prévention qui, nous faisant négliger le seul moyen positif d'instruction, *l'application de nos sens*, nous plonge ainsi dans une erreur longue et souvent indestructible! Enfin le hasard voulut que par simple curiosité, et par voie d'expériment, j'exerçai le magnétisme. La personne qui s'y soumettait n'en connaissait nullement les effets, cette circonstance est à noter. Quel fut mon étonnement lorsqu'au bout de peu d'instans je produisis des phénomènes si singuliers, tellement inaccoutumés, que je n'osai en parler à qui que ce fût, dans la crainte de paraître ridicule. Ce fut le premier pas fait vers le doute. Dès lors je compris que j'avais eu tort de m'en rapporter aux autorités; je reconnus plus que jamais qu'il n'en est aucune qui puisse tenir lieu de l'application des sens, et je résolus de continuer mes expériences, mais seulement dans le dessein de m'éclairer. Ce n'est qu'après un grand nombre d'essais que je suis parvenu à fixer mon opinion.

Ce qui m'est arrivé m'a convaincu que rien n'est plus contraire à l'avancement des sciences que l'incrédulité. Qu'un homme après de laborieuses recherches, après avoir observé avec sévérité, précision et exactitude un grand nombre de faits, établisse une vérité nouvelle, porte la lumière sur des points obscurs d'une science, soudain un critique s'écriera : *C'est faux ; je ne crois pas cela ; cela n'est pas possible ; cela n'est pas conforme à ce que j'ai vu, à ce que j'ai appris jusqu'à ce jour*, et la troupe moutonnière, jalouse de n'avoir pas fait la découverte, répètera *C'est faux, etc.* L'auteur en sera pour ses travaux, trop heureux si on ne le fait pas passer pour un homme à paradoxes, et la science restera stationnaire, si elle ne recule. J'ai toujours remarqué que c'étaient les gens les plus ignorans dans une science qui y croyaient le moins; et certes il n'en peut être autrement. Ce ne sera pas celui qui aura vu un grand nombre de faits, qui les aura examinés, vérifiés, qui les niera; ce sera celui qui ne se sera pas donné la peine de les voir.

Il est à remarquer, par exemple, que les gens qui ne croient pas à la médecine sont ceux qui ont dans cet art le moins de connaissances positives. Ce n'est pas ici le lieu de rapporter les argumens dont ils appuient leur incrédulité : mais je leur ai souvent entendu dire : « Comment voulez-vous qu'il existe une médecine, lorsque nous voyons tous les jours le même médicament tonique et excitant pour l'un, débilitant pour un autre, purgatif pour un troisième, émétique pour un quatrième, etc. » Eh bien! sans doute; mais plus un médecin connaîtra de ces cas, mieux il saura les apprécier, et meilleur médecin il sera. Tant pis pour celui dont ces connaissances dépassent la portée; mais n'en arguez pas que d'autres ne peuvent avoir ces connaissances, et surtout qu'il n'existe pas de médecine, parce qu'il suffit qu'il y ait des maladies, des causes qui les produisent, des circonstances qui les modifient, et des corps qui agissent sur l'organisme, pour qu'il y ait une médecine. Celui qui connaîtra le plus de ces faits et qui les jugera le mieux sera le meilleur médecin. Sans doute il est des cas obscurs et difficiles; mais ils sont en plus grand nombre pour certains médecins que pour certains autres; et ces cas obscurs ne sont pas une raison pour nier l'existence de l'art. De ce qu'on ne peut pas expliquer les aérolithes, les aurores boréales, etc., s'en suit-il que la physique n'existe pas? Et de ce que les physiciens ne sont pas d'accord sur l'émission ou l'ondulation de la lumière, etc., êtes-vous autorisé à ne pas croire à la physique?

Ce qui prouve bien plus encore que c'est de l'ignorance que naît l'incrédulité, c'est que les gens du monde osent quelquefois se permettre de donner leur avis en pareille matière. Ceci est aussi absurde que ridicule. Sur quoi peuvent-ils fonder leur opinion? quelles recherches, quels travaux ont-ils faits pour asseoir leur jugement, pour avoir droit de nier l'existence des faits? Une telle confiance dans soi ne peut être que le fruit de la plus aveugle présomption. Comment qualifier autrement, en effet, le sentiment qui leur fait préférer leur manière de voir à celle des gens éclairés qui ont consacré toute leur vie à l'étude de l'homme, eux qui n'ont jamais assisté à l'ouverture d'un corps, et n'ont jamais observé un seul malade? ne faut-il pas que ces gens fassent ce raisonnement? « Vous soutenez que votre art existe parce que vous y êtes intéressé, ou que vous êtes un sot; car, moi qui ne suis pas intéressé et qui ai beaucoup plus d'esprit et d'intelligence que vous, je n'y crois pas. Vous avez passé votre vie, dites-vous, à examiner les organes dans l'état sain et malade; vous êtes parvenu à découvrir les altérations des organes qui donnent lieu à tels ou tels symptômes, vous avez reconnu par des faits nombreux que tels ou tels moyens agissaient de telle ou telle manière sur l'organisme; mais cela n'est pas possible, cela n'est pas vrai; et ma grande raison c'est que je n'ai rien vu de semblable; les médecins n'ont jamais su cela et j'ai plus d'esprit et de jugement que vous, et que tous les médecins ensemble, etc. »—Eh bien! qui est-ce qui tient ce langage? ce sont des poëtes, des littérateurs, des artistes, des militaires, ou des femmes qui se laissent influencer par de semblables autorités.

Ces gens, qui parlent ainsi de ce qu'ils ne connaissent pas, ne ressemblent-ils pas merveilleusement à un sourd qui ne croirait pas à l'existence du son, ou à un aveugle qui nierait celle de la lumière? Suivez des cours, instruisez-vous, interrogez la nature, examinez les faits, et vous aurez alors le droit de dire votre avis.

Jusque là résolvez-vous à n'être que ridicules ou dignes de pitié.

Si l'incrédulité naît de l'ignorance présomptueuse et arrête les progrès des sciences, la crédulité sans bornes ne leur est pas moins funeste, en faisant adopter sans examen les erreurs les plus absurdes. Elle est le propre des esprits étroits. Un homme qui croit tout est non-seulement incapable de faire faire un pas aux sciences qu'il cultive, mais il en embarrasse la marche par toutes les rêveries, toutes les erreurs qu'il rencontre dans sa route. Ces deux extrêmes, l'incrédulité et la confiance aveugle, sont le partage de la médiocrité, la conséquence de l'ignorance, et par suite la cause d'une ignorance plus grande. Le doute seul, le doute qui consiste à ne croire ou à ne nier que lorsqu'on aura vu, examiné, appliqué ses sens; le doute est le caractère du philosophe, la cause de toute connaissance positive, de tout progrès dans les sciences. Un fait nouveau est-il avancé? il ne faut pas dire *Je le crois*, ou *Je ne le crois pas* : un bon esprit n'a pas plus de raison pour l'un que pour l'autre; mais il doit dire *Je le croirai lorsque je l'aurai vu*. C'est faute d'avoir été animé de cet esprit philosophique que les plus grandes vérités ont trouvé tant d'obstacles à s'établir; qu'elles ont été le but de sarcasmes injurieux, de railleries piquantes, de dénégations outrageantes, et que l'humanité est long-temps restée privée des bienfaits qu'elle pouvait en recueillir.

Tout ce qu'on vient de lire est directement applicable à la matière que nous traitons. Les uns ont cru sans contestation toutes les merveilles du magnétisme, y ont ajouté les rêves de leur imagination, et les ont proclamés comme des vérités incontestables. Les autres, non moins absurdes, ont nié tous les faits sans vouloir les examiner, ont cherché à déverser le ridicule et souvent le blâme sur les partisans du magnétisme.

*Phénomènes physiologiques du magnétisme.*

A. *Les phénomènes magnétiques existent-ils?* — Je le répète, ce que je m'en vais écrire, je l'ai vu, et je l'ai vu souvent. Je ne me suis pas contenté de l'observer sur une seule personne; mais j'en ai soumis plusieurs à ce genre de recherches. J'ai pris pour sujet de mes observations des individus de différentes classes, de différens sexes; des personnes dont plusieurs ignoraient jusqu'au nom de *magnétisme* : des littérateurs, des élèves en médecine, des épileptiques, des dames du monde, des jeunes filles, etc., dont quelques-unes même craignaient de se prêter à mes expériences. J'ai continué ce genre d'examen pendant plusieurs années, par cela seul qu'il m'inspirait un grand intérêt. A un petit nombre d'exceptions près, j'ai toujours obtenu des phénomènes dignes de la plus grande attention, et dans presque tous les cas ces phénomènes étaient identiques ou du moins analogues. Parmi ces phénomènes il en est de fort extraordinaires qui se présentent constamment, d'autres s'offrent plus rarement, d'autres enfin sont rares. Nous aurons soin de faire connaître ces circonstances à mesure qu'elles se présenteront. Il était physiquement impossible qu'il y eût aucune connivence, aucune communication entre les personnes sur lesquelles j'ai fait mes observations.

S'il s'agissait d'accumuler ici des autorités pour établir l'existence des faits que nous allons exposer, il s'en présenterait d'imposantes et de graves; mais les autorités ne peuvent jamais être que les supplémens des faits et de la raison; et nous n'en citerions aucune si aux yeux beaucoup de gens les autorités n'avaient encore plus de poids que les faits eux-mêmes. Il peut donc être utile au sujet que nous traitons d'exposer l'opinion de savans illustres dont le témoignage ne sera suspect à personne.

M. Cuvier (*Leçons d'anatomie comparée*, tome II, page 117, 9e leçon) s'exprime ainsi qu'il suit: « Il faut avouer qu'il est très-difficile, dans les expériences qui l'ont pour objet (l'action que les systèmes nerveux de deux individus différens peuvent exercer l'un sur l'autre), de distinguer l'effet de l'imagination de la personne mise en expérience d'avec l'effet physique produit par la personne qui agit sur elle.... Cependant les effets obtenus sur des personnes déjà sans connaissance avant que l'opération commençât; ceux qui ont lieu sur d'autres personnes, après que l'opération même leur a fait perdre connaissance, et ceux que présentent les animaux, ne permettent guère de douter que la proximité de deux corps animés dans certaine position et certains mouvemens, *n'ait un effet réel*, indépendant de toute participation de l'imagination d'un des deux. Il paraît assez clairement aussi que ces effets sont dus à une communication quelconque qui s'établit entre leur système nerveux. »

Et M. de la Place, autorité non moins respectable, dans son ouvrage intitulé *Théorie analytique du calcul des probabilités*, dit, page 358 : « Les phénomènes singuliers qui résultent de l'extrême sensibilité des nerfs dans quelques individus, ont donné naissance à diverses opinions sur l'existence d'un nouvel agent que l'on a nommé *magnétisme animal...* Il est naturel de penser que l'action de ces causes est très-faible, et peut être facilement troublée par un grand nombre de circonstances accidentelles : ainsi, de ce que dans plusieurs cas elle ne s'est point manifestée, on ne doit pas conclure qu'elle n'existe jamais. Nous sommes si éloignés de connaître tous les agens de la nature et leurs divers modes d'action, qu'il serait peu philosophique de nier l'existence des phénomènes, uniquement parce qu'ils sont inexplicables dans l'état actuel de nos connaissances. »

Je pense aussi qu'on doit regarder comme méritant la plus grande considération les ouvrages publiés par des personnes dont les lumières et dont la véracité sont incontestables. Qui osera taxer de mensonge les écrits de l'honorable M. Deleuze ? Mais je suppose qu'il s'en soit laissé imposer quelquefois ; est-il possible qu'il ait été trompé sur tous les faits qu'il cite ? Le Dr Pététin, dont on a condamné les écrits sans les avoir lus, dans ses *Histoires de cataleptiques*, n'a-t-il pas imprimé des faits plus surprenans que ceux qu'on obtient par le magnétisme, et dans quels minutieux détails, tous portant l'empreinte de la candeur et de la vérité, n'est-il pas entré ? Quel homme assez stupide pourrait-il perdre son temps à écrire de pareilles fables ? Comme tout se suit, comme tout est motivé, comme il arrive naturellement de phénomène en phénomène, de surprise en surprise. Qui de nous n'aurait pas éprouvé les mêmes impressions en découvrant les mêmes effets ?

Enfin, pour ne pas parler d'une foule d'auteurs recommandables dont on a révoqué le témoignage ; notre confrère et ami M. Georget, dont le pyrrhonisme ne peut être suspect, n'a-t-il pas cru devoir se mettre au-dessus de misérables considérations pour publier ce que l'expérience lui avait appris ; et je puis affirmer que ce qu'il a publié je l'ai vu ; il m'en a plusieurs fois rendu le témoin. Plusieurs de ses expériences ont eu lieu chez moi. Nous n'avions d'autre but l'un et l'autre que celui de nous instruire. Nous apportions tous deux un esprit de doute et de recherche. Quel intérêt pouvait avoir M. Georget à publier les résultats de ses observations ? et quel intérêt pouvons-nous avoir aujourd'hui à le soutenir ? Si nous croyions qu'il eût été dupe, voudrions-nous partager un pareil reproche? et s'il était un fourbe, pourrions-nous assumer une semblable complicité?

M. le Dr Bertrand a aussi publié un ouvrage, où l'on trouve beaucoup de philosophie, sur les diverses espèces de somnambulisme : comment se fait-il que tant de gens, qui ne sont ni des idiots ni des imposteurs, se soient plus à attester les mêmes phénomènes?

B. *Quels sont les phénomènes magnétiques?* — Mais laissons ces sortes de preuves pour en revenir à la nature. Ne savons-nous pas qu'elle nous présente d'elle-même les phénomènes que nous obtenons par le *magnétisme?* Tout le monde connaît des histoires de somnambules; eh bien! leur état, qui est d'ailleurs variable chez chacun d'eux, est l'image fidèle de ce qui arrive dans le somnambulisme artificiel. Ce jeune séminariste dont l'histoire est rapportée dans l'*Encyclopédie*, se levait la nuit, écrivait ses sermons, faisait des corrections minutieuses; écrivait de la musique, traçait son papier avec une canne, distinguait bien toutes les notes, et lorsque les paroles ne correspondaient pas aux notes, les recopiait dans un autre caractère; il relisait ensuite ce qu'il venait d'écrire, même quand on interposait une feuille de carton entre ses yeux, d'ailleurs bien fermés, et ce qu'il venait de tracer, etc. Leurs actions les plus ordinaires sont d'aller d'un lieu dans un autre, les yeux fermés et dans la plus grande obscurité. Comment se fait-il qu'ils évitent avec autant d'adresse tous les obstacles qui s'opposent à leur passage? Le domestique de Gassendi portait la nuit, sur sa tête, une table couverte de carafes; il montait un escalier très-étroit, évitait les chocs avec plus d'habileté qu'il n'eût fait pendant la veille, et arrivait à son but sans accidens, etc. Comment la vue s'exerce-t-elle sans le concours de la lumière?

Un somnambule écrivait les yeux fermés, mais en se levant il avait cru avoir besoin de chandelle, il en alluma une. Les personnes qui l'observaient l'éteignirent; aussitôt il s'aperçut qu'il était, ou plutôt il crut être dans l'obscurité, car il y avait d'autres lumières dans la chambre, et alla rallumer sa chandelle. Il ne voyait qu'avec celle qu'il avait allumée lui-même. Les faits les plus nombreux et les plus authentiques, rapportés par les personnes les plus dignes de foi, prouvent que, pendant le sommeil, les sens externes étant fermés à leurs excitans ordinaires, le cerveau acquiert un surcroît d'activité, devient capable de choses au-dessus de sa portée ordinaire ; et la faculté d'établir ses relations au moyen des organes de la vue, du goût, de l'odorat, de l'ouïe, se transporte hors de ces sens sur des parties qui n'en sont pas douées dans l'état naturel. Vous parleriez vainement à un somnambule, il ne vous entendrait pas, même en lui parlant fort haut; mais on assure qu'en se mettant en rapport avec lui, c'est-à-dire en lui touchant la main et l'épigastre, il entrera pour l'ordinaire en conversation avec vous, et n'entendra nullement ce que d'autres diront près de lui.

La nature nous offre encore des phénomènes analogues chez les hystériques, les cataleptiques, les extatiques, etc. Il faut lire les observations que le Dr Pététin nous a transmises. Rien n'est assurément plus digne d'intérêt.

Une jeune personne, après avoir éprouvé de violentes convulsions, était tombée en perte de connaissance; elle était immobile, les yeux fermés, roulans dans leur orbite, et chantait avec enthousiasme; les membres, placés successivement dans des attitudes très-pénibles, conservaient la position qu'on leur imprimait. Les excitans de toute espèce furent vainement employés pour la tirer de cet état. C'est vainement qu'on cherchait à se faire entendre d'elle, qu'on la piquait, qu'on la pinçait, qu'on lui faisait flairer de l'ammoniaque, etc.; elle était absolument insensible à tous ces moyens; les sens paraissaient complètement paralysés. Le hasard fit que le médecin glissa et tomba sur l'épigastre de la malade en prononçant ces mots : « Il est « bien malheureux que je ne puisse empêcher cette femme de « chanter ! » — « Eh! ne vous fâchez pas, M. le docteur, je ne « chanterai plus, » répondit la malade. Le médecin continua à lui parler sans obtenir de réponse. Il se replaça enfin dans la position où il était lorsqu'il avait été entendu, et il le fut encore. Nul doute que la malade n'entendît par l'estomac. Des expériences réitérées prouvèrent que le sens de l'ouïe était transporté dans cette région. Il faut lire les détails curieux de ce phénomène dans l'ouvrage même de M. Pététin. Celui-ci s'assura ensuite que le goût et l'odorat avaient aussi leur siége dans la même région : des mets divers, présentés à l'épigastre avec les plus grandes précautions, furent reconnus sans hésitation et sans erreur. Il en fut de même des odeurs; et, chose plus inexplicable encore, des formes et des couleurs. Ce médecin ayant appliqué successivement plusieurs cartes sur l'épigastre, la malade les nomma toutes successivement sans se tromper. Elle disait les voir lumineuses, plus grandes que dans l'état naturel, et dans l'estomac. — Il cite plusieurs observations analogues à celle-ci, et au moins aussi surprenantes, et j'ai l'intime conviction qu'il n'a pu les inventer.

J'ai été consulté, il y a peu de jours, par mon compatriote M. Gaymar, chirurgien de la marine, habile naturaliste, pour une jeune dame de Grenoble qui éprouve des accès d'hystérie du même genre, et dont je regrette beaucoup de ne pas pouvoir tracer ici le tableau. Ainsi ces maladies sont caractérisées par l'abolition des fonctions des sens externes, par une exaltation singulière du cerveau, qui leur donne, pendant leurs accès, l'air d'inspirés, de prophètes, et les revêt momentanément d'une intelligence supérieure et d'une sensibilité excessive, par la faculté singulière d'entrer en communication avec les objets extérieurs au moyen de voies insolites. La plupart de ces caractères se rencontrent dans le somnambulisme artificiel.

Lorqu'on a exercé la magnétisation, on ne tarde pas à reconnaître que la personne qui s'y soumet éprouve une pesanteur dans la tête et sur les paupières, des tiraillemens dans les membres, des pandiculations, des bâillemens, quelquefois des nausées, etc.; peu de temps après elle s'endort. Il est rare qu'elle devienne somnambule dès la première fois; mais assez généralement, au bout de peu de séances, le somnambulisme se déclare, quoique tous les sujets n'en soient pas susceptibles.

C'est cet état, qui varie suivant les individus, qui mérite la plus grande attention de la part du médecin physiologiste. La vie extérieure cesse; le somnambule vit en lui, isolé complètement du monde extérieur. Cet isolement est surtout complet pour deux sens, l'ouïe et la vue. J'ai fait peu d'essais sur les autres; je crois qu'ils éprouvent des modifications variées; mais elles sont loin d'être aussi remarquables que celles de la vue et de l'ouïe. Les assistans font vainement le bruit le plus violent, les somnambules n'entendent ordinairement rien. Cette surdité est très-commune, et la personne magnétisée par M. Dupotet, à l'Hôtel-Dieu, en a donné des preuves incontestables.

Pour se faire entendre d'un somnambule, il faut le toucher par quelque point, ordinairement par la main, et aussitôt il vous entend. Cette précaution n'est pas toujours nécessaire pour le magnétiseur, qui peut se faire entendre à une certaine distance; elle n'est même pas toujours indispensable pour les spectateurs, qui sont quelquefois entendus comme dans l'état naturel; mais elle est nécessaire dans les cas ordinaires. Il peut arriver que, malgré cette communication, le magnétiseur seul puisse se faire entendre.

Les yeux sont tellement insensibles à la lumière chez la plupart des somnambules, qu'il est arrivé de brûler leurs cils sans qu'ils témoignassent la moindre impression. Si l'on soulève leurs paupières et qu'on avance le doigt avec précipitation, il y a immobilité complète : cependant, ainsi que dans certaines amauroses, la pupille reste quelquefois mobile. Le somnambule éprouve une telle pesanteur sur les paupières, que, selon son expression, elles sont collées sur l'œil et ne peuvent s'ouvrir. Le globe de l'œil est tourné en haut et convulsé. Il est impossible de faire mouvoir ces parties, à moins que le magnétiseur n'opère quelques actes magnétiques, qui ne tardent pas à être suivis du réveil.

Il est bien constant que la vue est suspendue chez la plupart des somnambules, et cependant ils ont la conscience des objets qui les entourent, ils évitent avec la plus grande adresse les obstacles qu'ils rencontrent : ceci est incontestable, même dans le somnambulisme naturel. Par quelle faculté sont-ils avertis d'une multitude de choses que, dans l'état ordinaire, nous ne reconnaissons que par les yeux? Quoiqu'ils ne puissent entendre les questions que les étrangers leur adressent, ils sont cependant presque toujours avertis de leur présence. Si quelqu'un entre pendant l'expérience, avec les plus grandes précautions, sans faire le moindre bruit, les somnambules, sans regarder du côté de la porte, ne manquent presque jamais de signaler la personne qui entre. J'ai fréquemment vérifié ce fait. Un soir, un médecin amena chez moi trois filles somnambules, dont aucune ne connaissait mon appartement; elles n'avaient pas été prévenues; on leur demanda si elles savaient où elles étaient (la pièce n'était point éclairée, non plus que le cabinet où elles entrèrent un instant après); elles répondirent toutes : « Belle question! nous sommes chez M. R., » et désignèrent successivement les pièces où elles se trouvaient. Si on leur demande comment elles connaissent les personnes qui entrent, celles qui les touchent sans se montrer à leurs regards, et cela sans jamais se méprendre, elles répondent que c'est par une espèce de pressentiment qu'elles ne peuvent expliquer, mais qui ne saurait les tromper. Mais si la vue est abolie dans son sens naturel, il est tout-à-fait démontré pour moi qu'elle existe dans plusieurs parties du corps. Voici une expérience que j'ai fréquemment répétée, mais qu'enfin j'ai dû interrompre parce qu'elle fatiguait prodigieusement ma somnambule, qui me dit que si je continuais, elle deviendrait folle. Cette expérience a été faite en présence de mon collègue et ami, M. Ferrus, que je crois devoir nommer ici, parce que son témoignage ne peut qu'être du plus grand poids. Je pris ma montre, que je plaçai à trois ou quatre pouces derrière l'occiput. Je demandai à la somnambule si elle voyait quelque chose. — Certainement, je vois quelque chose qui brille; ça me fait mal. » Sa physionomie exprimait la douleur; la nôtre devait exprimer l'étonnement. Nous nous regardâmes, et M. Ferrus, rompant le silence, me dit que puisqu'elle voyait quelque chose briller, elle dirait sans doute ce que c'était. — « Qu'est-ce que vous voyez briller? — Ah! je ne sais pas, je ne puis vous le dire. — Regardez bien. — Attendez... ça me fatigue... attendez... (et après un moment de grande attention) : « *C'est une montre.* « Nouveau sujet de surprise... « Mais, si elle voit que c'est une montre, me dit encore M. Ferrus, elle verra sans doute l'heure qu'il est. » — « Pourriez-vous me dire quelle heure il est? — Oh! non, c'est trop difficile. — Faites attention, cherchez bien. — Attendez... je vais tâcher... Je dirai peut-être bien l'heure, mais je ne pourrai jamais voir les minutes; » et après avoir cherché avec la plus grande attention : « Il est huit heures moins dix minutes; » ce qui était exact. M. Ferrus voulut répéter l'expérience lui-même, et la répéta avec le même succès. Il me fit tourner plusieurs fois l'aiguille de sa montre, nous la lui présentâmes sans l'avoir regardée, elle ne se trompa point. Une autre fois je plaçai la montre sur le front; elle accusa bien l'heure, mais nous dit les minutes au rebours, en plus ce qui était en moins, et réciproquement; ce qu'on ne peut attribuer qu'à une moindre lucidité dans cette partie, ou à l'habitude où nous étions de placer le cadran derrière l'occiput. Quoi qu'il en soit, cette somnambule se défiait tellement de sa clairvoyance, qui était telle cependant que je n'en ai jamais vu de semblable, qu'il ne lui paraissait jamais possible de voir ce qu'on lui demandait. Il serait beaucoup trop long de rapporter tout ce qu'elle me dit de singulier; le fait que je viens de raconter suffit. Ainsi voilà bien la faculté de voir transportée dans d'autres organes que ceux qui en sont chargés dans l'état normal. Ce fait, je l'ai vu et je l'ai fait voir. Il ne faut pas croire pour cela qu'ils ne se trompent jamais; les somnambules les plus lucides commettent de fréquentes erreurs; *je dirai même que les cas où ils se trompent sont les plus ordinaires.* Comme ces erreurs sont très-fréquentes, je ne doute pas qu'elles n'aient détourné d'un examen sérieux une multitude de bons esprits. On est peu porté à croire ces phénomènes; s'il arrive que dans les premières expériences que l'on fait on ne rencontre que des erreurs, il est impossible à l'homme le plus sage d'en jamais revenir. Or, il n'est nullement étonnant qu'on n'ait eu à observer pendant long-temps que des individus qui se trompaient, et, qui pis est, qui cherchaient à tromper.

Mais comment expliquer cette merveilleuse faculté de connaître les objets sans l'intermède de la lumière, et sans un instrument disposé pour la modifier? Il faut ici s'incliner devant la nature, dont nous sommes loin de connaître toute la puissance. Il est indubitable que les plantes elles-mêmes sont sensibles à la lumière sans être munies d'un appareil de la vision, et bien plus, sans système nerveux apparent. Une multitude de fleurs s'ouvrent aux premiers rayons du jour, et se ferment à la nuit; d'autres, au contraire, se ferment le matin et s'ouvrent le soir. C'est un phénomène organique, sans doute; mais qui peut affirmer que celui dont nous parlons ne peut pas en être rapproché? Il est vraisemblable que beaucoup d'animaux des classes inférieures, dépourvus d'organes de la vision, sont sensibles à la lumière par toute la périphérie de leur corps. Leur sensibilité générale perçoit à la fois, et par tous les points de leur surface, les odeurs, les saveurs et la lumière. Dans le cas qui nous occupe, la sensibilité générale paraît être exaltée à ce point; et si la nature a départi à certains nerfs la faculté de sentir le son, les odeurs, les saveurs, la lumière, lorsqu'elle les prive de cette faculté, ne peut-elle pas la transmettre aux autres nerfs? Pourquoi les nerfs qui se répandent à la peau ne pourraient-ils pas, dans cette circonstance, être doués momentanément de la sensibilité spéciale du nerf optique, du nerf olfactif, ou du nerf acoustique? puisqu'en dernière analyse, voir, flairer, entendre, etc., ne sont que sentir la lumière, les odeurs, les sons, etc. Mais chez les somnambules cette faculté de voir n'est pas bornée aux objets exposés à découvert à leur investigation, ils jouissent encore de la faculté de distinguer à travers les corps opaques. Une somnambule m'a constamment dit, sans jamais se tromper, si j'avais l'estomac vide ou plein; elle allait jusqu'à me dire si j'avais beaucoup ou peu mangé. On peut voir, dans les divers auteurs, et surtout dans Pététin, des faits bien autrement singuliers.

Les magnétiseurs prétendent que les somnambules ont la faculté de voir à une distance très-considérable, ou plutôt qui n'a pas de bornes; ils citent à ce sujet des faits extraordinaires. Je n'ai jamais rien observé de pareil. J'ai bien vu des somnambules avoir la prétention de savoir ce qui se passait dans des lieux très-éloignés; mais j'ai toujours pris ce qu'ils me disaient pour des rêveries. Je ne dis pas que cela ne soit pas, je dis seulement que j'en doute, n'ayant jamais pu le vérifier par moi-même. Les partisans du magnétisme, qui admettent un fluide particulier comme cause de la vision magnétique, disent qu'on peut bien supposer que ce fluide, ainsi que la lumière qui nous vient en si peu de temps des étoiles fixes, traverse des intervalles considérables, et même les corps opaques, et qu'il n'est pas plus surprenant de voir aux antipodes au moyen de ce fluide nouveau, que d'apercevoir Saturne, Jupiter ou Syrius au moyen du fluide lumineux. Avant d'adopter de semblables suppositions, il faudrait que les faits fussent établis d'une manière incontestable. C'est ce qui ne l'est pas encore pour nous.

Lorsqu'une personne malade approche d'un somnambule, celui-ci ne manque jamais d'éprouver un malaise sensible, et accuse souvent une douleur dans l'organe correspondant à celui qui est affecté chez cette personne. Lorque je faisais ces recherches, M. le docteur F. souffrait dans l'hypocondre droit. Toutes les fois qu'il s'est mis en rapport avec quelque somnambule, celui-ci a toujours accusé un malaise général, et souvent une douleur dans cette région; et ce médecin m'a assuré qu'il produisait constamment le même effet. Nous verrons plus bas une explication de ce phénomène.

Au reste, la sensibilité générale est tellement exaltée, que les somnambules ne peuvent supporter le moindre froid; ils sont moins sensibles à la grande chaleur.

Après ce que nous venons de dire, il semble qu'il doit

nous rester peu de chose extraordinaire à raconter. Il en est cependant une qui, selon nous, passe toute croyance, et que nous allons faire connaître. De tous les phénomènes magnétiques, c'est celui qu'on produit le plus souvent, le plus facilement, et de la manière la plus immanquable. Vous n'avez qu'à vouloir interdire le mouvement à un membre, deux ou trois gestes le jettent dans l'immobilité la plus parfaite; il est tout-à-fait impossible à la personne magnétisée de le remuer le moins du monde. Vous avez beau l'exciter à le mouvoir, impossible; il faut le *déparalyser* pour qu'elle puisse s'en servir. Pour cela il faut faire d'autres gestes. Ne croyez pas cependant que cette immobilité ne soit que le résultat des gestes magnétiques, et que le somnambule, en voyant ces gestes, ne comprenne ce que vous voulez, et fasse semblant d'être paralysé, la *volonté seule*, *l'intention de paralyser un membre*, *la langue ou un sens*, *m'a suffi* pour produire cet effet, que parfois j'ai eu beaucoup de peine à détruire. J'ai plusieurs fois, devant témoins, paralysé mentalement le membre qu'on me désignait, un spectateur mis en rapport commandait les mouvemens; impossibilité absolue de mouvoir le membre paralysé.

Les sens sont aussi susceptibles de cette paralysie; alors le magnétiseur lui-même ne peut plus rien en obtenir.

La langue se paralyse avec la plus grande facilité, et si l'on fait quelque question, le somnambule fait des efforts inouïs pour répondre, la face se gonfle, se colore, la douleur se peint sur tous les traits; mais aucune parole ne peut être proférée.

Si vous demandez après à la personne magnétisée ce qu'elle éprouve, elle répond qu'un froid mortel s'empare du membre, s'y répand; que bientôt il s'engourdit, et qu'une puissance insurmontable l'empêche de le mouvoir.

La vie animale n'est pas seule le théâtre des phénomènes magnétiques; le système nerveux de la vie organique participe aussi des changemens que l'action magnétique produit. Ainsi les somnambules assurent qu'ils voient dans l'intérieur de leur corps. Les recherches réitérées que j'ai faites à ce sujet m'ont bien appris qu'ils faisaient des efforts pour distinguer leurs organes; ces recherches m'ont bien convaincu qu'ils éprouvaient quelques sensations intérieures; mais je n'ai jamais obtenu que des descriptions, ou tout-à fait fausses, ou du moins fort erronées. Il est extrêmement rare que des somnambules, même très-lucides, voient approximativement leur intérieur. Ils n'ont, la plupart, que des idées absurdes qui ressemblent à des vains songes, et c'est tout. Cependant un somnambule dépourvu de connaissances physiologiques me dit voir son cœur, les vaisseaux qui y sont *attaches*. Il les compta avec peine, me dit qu'il y en avait *huit;* que le sang qui circulait n'était pas de la même couleur dans tous, et qu'il allait plus vite dans les uns que dans les autres. Voilà la seule réponse *passable* que j'aie jamais obtenue. Quant aux maladies dont ils se disent affectés, ce sont toujours des descriptions chimériques; c'est toujours l'exposé fidèle de leurs préjugés, des idées qu'on leur a communiquées dans leur enfance, ou qu'ils ont reçues depuis, les opinions qui règnent parmi les gens de leur classe et dans le pays qu'ils habitent.

Dans bien des circonstances, c'est dans l'appareil nerveux de la vie individuelle qu'est transportée la faculté sensoriale. Dans la cataleptique dont les observations ont été rapportées par le docteur Pététin, les sens du goût, de l'ouïe, de la vue, paraissaient avoir leur siége dans l'estomac, c'est-à-dire vraisemblablement dans le plexus solaire.

Les fonctions organiques éprouvent aussi quelques modifications; mais elles n'ont rien de constant. J'ai vu des individus dont la circulation était accélérée dans cet état; le pouls était fréquent, développé; chez d'autres il se ralentissait, et chez quelques-uns restait dans l'état naturel.

La respiration est plus ordinairement rare et lente.

Je ne sais ce qui doit arriver dans les sécrétions, les absorptions, etc.; mais si l'on ajoute foi à quelques guérisons dont on cite les exemples, il faudra bien admettre que, médiatement ou immédiatement, l'absorption interstitielle est activée. Ce qu'il y a de certain, c'est que les personnes qu'on magnétise souvent maigrissent d'une manière sensible au bout d'un certain temps.

Il se passe aussi des changemens très-remarquables dans les facultés de l'intelligence. Si les sens extérieurs ne s'exercent plus, il semble que le centre cérébral profite de tout ce qui n'est pas employé à leur exercice. L'attention en est bien plus forte et plus soutenue pour le genre d'impression dont ils sont susceptibles. Cette attention est exclusive, et tellement active qu'elle en est pénible et douloureuse. Je crois que ce travail du cerveau n'est pas sans danger pour les somnambules. J'en ai vu auxquels on faisait des questions difficiles à résoudre, faire de tels efforts qu'ils en étaient malades; il en résultait du trouble dans les idées, de la mélancolie, et des céphalalgies violentes. Il faut prendre garde à ne pas exiger trop. Malheureusement la curiosité bien naturelle nous fait souvent dépasser les bornes dans les recherches que l'on fait; il en résulte de graves inconvéniens; leurs perceptions cessent d'être exactes, ils ne vous répondent plus que des choses bizarres et ridicules.

La mémoire des magnétisés est sans contredit ce qu'ils ont de plus exalté. On en voit qui récitent des pièces de vers de longue haleine, qu'ils ont apprises autrefois, ou que seulement ils ont lues, et cela avec une exactitude et une assurance imperturbable. D'autres chantent des airs qu'ils ne peuvent reproduire dans l'état de veille. Ce qui prouve en même temps que la mémoire des sens est plus exacte, plus fidèle, plus vive, et que les organes de la voix sont plus agiles, plus déliés, et les sons qu'ils produisent plus purs, plus justes, plus corrects.

Un phénomène qui caractérise surtout le somnambulisme, c'est l'oubli, au réveil, de tout ce qui s'est passé pendant cet état. Lorsqu'ils tombent dans un nouveau sommeil, ils ont en général la mémoire de tout ce qu'ils ont fait, vu et dit dans les autres sommeils; ce sont, pour ainsi dire, deux existences entièrement séparées l'une de l'autre. M. Bertrand, dans son ouvrage sur le somnambulisme, dit qu'on peut commander à la mémoire du magnétisé, lui ordonner de se souvenir d'une circonstance, et que le somnambule s'en souvient; il va plus loin, il assure qu'on peut commander l'oubli. Je n'ai fait aucune expérience pour confirmer ou infirmer ces faits curieux.

Si la mémoire acquiert en général une grande supériorité dans cet état, nous pouvons en dire autant du jugement et de l'imagination. Des magnétisés lucides, qui sont quelquefois dans la veille des gens d'une grande médiocrité, nous étonnent par les aperçus neufs et intéressans, par les rapports justes et subtils, par une appréciation exacte des choses dont ils nous rendent les témoins.

Ils semblent aussi planer dans une région supérieure, tout s'embellit dans leur esprit, ils élèvent et agrandissent des objets vils et communs; enfin, ils peignent tout de couleurs bien plus vives, bien plus brillantes qu'ils ne sauraient jamais faire dans l'état de veille. Leur élocution est en rapport avec leurs idées, elle est en général brillante, facile et animée; tour à tour noble ou simple, grave ou enjouée, sévère ou gracieuse, selon les sujets qui les occupent; elle paraît toujours au-dessus de leur éducation première.

Leur volonté est presque nulle, elle est tellement soumise à celle du magnétiseur, qu'ils ne paraissent plus que son instrument; ils n'agissent que par lui, et celui-ci peut influencer jusqu'à leurs désirs, jusqu'à leurs pensées. Nous en avons vu une preuve dans les paralysies des sens et des mouvemens qu'on produit quand on veut.

Mais se peut-il que les somnambules jouissent de l'étonnante faculté de prophétiser, de prévoir l'avenir? C'est encore une prétention des partisans exclusifs du magnétisme. J'ai vu dans ce genre des faits bien singuliers; mais j'avouerai que bien que *je les ai vus souvent, j'en doute encore.* Comment connaître, en effet, ce qui n'existe pas encore, ce qui par conséquent n'est encore rien; dira-t-on que c'est par l'enchaînement naturel des événemens? Mais qui leur en donne la connaissance? Ils disent bien que c'est un sentiment dont ils ne peuvent rendre raison, et qui ne saurait les tromper; mais cela nous apprend-il quelque chose?

M. Georget a vu annoncer avec précision des accès d'hystérie, d'épilepsie, l'éruption des règles et prédire leur durée, l'heure de leur terminaison, et j'ai été témoin de faits bien plus incroyables. C'est surtout pour des phénomènes de cette nature qu'on ne saurait être trop sceptique. Je le répète, des faits de ce genre ne sont pas croyables; il est toujours bien plus philosophique de croire qu'on s'est trompé, qu'on a mal jugé, mal apprécié, ou qu'on a été induit en erreur, que d'ajouter foi à des phénomènes dont l'existence répugne à toute raison.

La partie affective mérite aussi quelque attention. Les somnambules sont affectueux, reconnaissans; ils s'attachent d'une manière extraordinaire à leur magnétiseur; ils ne voudraient jamais le quitter; ils lui obéissent d'une manière passive, et cela même dans l'état de veille. Ils ont un amour-propre très-chatouilleux, surtout pour ce qui concerne leur clairvoyance. Ils désirent tellement prouver qu'ils voient, que ce désir leur fait souvent inventer des fables; il faut être fort sur ses gardes pour ne pas être leurs dupes; s'ils connaissent d'autres somnambules, ils désirent toujours leur être supérieurs. Enfin, ils sont irritables, colères quelquefois, portés à la mélancolie, etc. Toutes leurs facultés morales sont dans un degré d'énergie bien plus grand que dans l'état de veille.

Lorsqu'on a souvent reproduit le somnambulisme chez un individu, cet état se trouve modifié; il se rapproche alors beaucoup de la veille; la suspension des sens externes est moins complète; la lucidité est moins grande; je pense que c'est parce que les somnambules, moins frappés de leur état, concentrent moins leur attention. Les somnambules se gâtent par l'habitude.

Il est enore une multitude de phénomènes magnétiques; nous avons cités les principaux. On peut voir les autres dans les ouvrages *ex professo* sur cette matière.

*Manière de produire les phénomènes magnétiques.* Nous croyons qu'il eût été peut-être plus naturel de commencer notre article par ce paragraphe; mais si l'on réfléchit que la matière est encore en litige, il semblera peut-être qu'il était préférable d'établir d'abord leur existence avant de dire comment on les obtient. C'est par la même raison que nous n'avons pas cru devoir en présenter d'abord l'histoire ainsi que cela a lieu pour les sujets ordinaires. Avant de raconter l'histoire d'un fait, n'est-il pas indispensable d'établir la réalité de ce fait?

Pour obtenir des effets magnétiques, certaines conditions de la part de la personne active et de la personne passive sont indispensables. On a objecté que puisque tous les sujets n'étaient pas également propres à produire ou à recevoir les effets magnétiques, on ne devait pas admettre l'existence d'un agent particulier; que l'électricité produisait toujours les mêmes effets, et que dans quelle condition qu'on se trouvât, on ressentait toujours la commotion électrique; que dès-lors on ne pouvait pas se refuser à admettre l'existence d'un agent électrique; qu'il ne saurait en être de même du magnétisme animal, puisque une foule de circonstances pouvaient en empêcher l'effet. Mais cette objection n'est pas même spécieuse, et l'on a lieu de s'étonner qu'elle ait été faite par un médecin. Il est peu de phénomènes naturels qui pour être produits ne demandent un concours particulier de circonstances, hors lesquelles ils n'ont pas lieu. Ne sait-on pas, par exemple, pour ne pas sortir du domaine de la médecine, ne sait-on pas qu'une maladie, pour se développer chez un individu, doit rencontrer chez lui une prédisposition? et que sans cette prédisposition la cause aura beau agir, elle ne produira aucun résultat? Ne sait-on pas que dans les maladies épidémiques, et même dans les maladies contagieuses, tous les individus soumis à la même cause, ne sont pas frappés par elle, et que ceux qui le sont, ne le sont pas au même degré, et de la même manière? Sera-ce une raison pour nier l'existence de la cause épidémique ou contagieuse?

Il est donc des conditions indispensables dans lesquelles doivent se trouver les magnétisans et les magnétisés.

Le magnétisme est produit par la force de la volonté. Il faut donc de la part de celui qui magnétise une volonté ferme, un vif désir de produire des effets, et la conviction intime qu'il produira ces effets. On a fortement tourné en ridicule la nécessité de ces dispositions morales; on les a assimilées à la foi, à l'espérance, à la charité, vertus théologales indispensables à notre salut. Rien n'est plus facile que de démontrer combien dans les sciences le désir de paraître plaisant peut faire commettre d'erreurs. Voici comment on pourrait se rendre raison de la condition qu'on exige : la volonté ferme, le vif désir, la conviction, sont des états particuliers du cerveau; l'action magnétique n'est elle-même qu'un produit du système nerveux; si les premières conditions n'existent pas, la seconde ne saurait exister. L'agent nerveux que fait mouvoir la volonté cause des phénomènes magnétiques : sera-t-il mis en mouvement si la volonté n'existe pas? Puis-je mouvoir mon bras si je ne commande le mouvement? et puis-je avoir cette volonté si je ne crois pas que cela soit possible? Cette volonté ne sera-t-elle pas d'autant plus forte que le désir de réussir sera plus fortement prononcé? Cette volonté n'enverra-t-elle pas alors une somme plus grande d'agent nerveux. Il ne faut pas oublier que cet agent nerveux est la cause productrice des phénomènes magnétiques, que cet agent nerveux est envoyé par la volonté comme elle le dirige vers les muscles pour opérer leur contraction; donc la foi ou la conviction est nécessaire, parce que sans elle le magnétiseur ne saurait vouloir; le désir de réussir est nécessaire pour augmenter l'énergie de la volonté; enfin celle-ci est indispensable parce que c'est elle qui envoie directement, immédiatement, le fluide qui produit les effets magnétiques.

Il faut que le magnétiseur n'ait rien de repoussant, qu'il soit bien portant, dans la force de l'âge, ou d'un âge mûr; qu'il soit grave, en même temps affectueux; qu'il soit supérieur s'il est possible à la personne magnétisée, soit par son rang, son âge, ses qualités intellectuelles et morales, soit de toute autre manière. En un mot qu'il exerce sur cette personne un ascendant quelconque. Ces conditions, qui doivent beaucoup favoriser l'action magnétique, ont excité les clameurs des antagonistes du magnétisme animal. Ils n'ont vu là dedans qu'une influence morale; que ce qu'ils ont improprement appelé influence de l'*imagination*. On voit bien que le mot *imagination* est ici tout-à-fait détourné de son véritable sens. Ce n'est plus cette brillante faculté de l'intelligence qui retrace les objets absens avec de si vives couleurs qu'on croirait les avoir sous les yeux; cette faculté qui ne crée pas d'objets nouveaux, mais qui trouve des rapports inaperçus, des combinaisons ingénieuses, etc. Ce qu'ils appellent *imagination* n'est autre chose qu'une disposition particulière du cerveau qui le rend susceptible de toutes sortes d'impressions. Hé bien! même dans cette acception impropre nous croyons que ce n'est pas l'imagination, au moins seule, qui produit les phénomènes magnétiques, puisqu'on peut les faire naître sans que la personne magnétisée voie le magnétiseur, mais nous croyons cette disposition cérébrale très-propre à favoriser l'action magnétique; elle rend le sujet très-apte à recevoir cette action. Ainsi que nous le verrons plus bas, *le magnétisme n'est qu'un état particulier du système nerveux*, état sur lequel nous appelons l'attention des physiologistes. Ainsi tous les moyens qui peuvent agir sur ce système, et qui sont capables de produire et de favoriser cet état, sont bons, peu nous importe. Ceux qui agissent sur les sens, sur le cerveau, sont très-bons; il suffit pour nous que l'individu présente tous les phénomènes que nous venons de faire connaître. Que nous importe en effet que ce soit l'imagination ou toute autre cause? il nous suffit qu'il y ait des effets; c'est tout ce que nous voulons prouver. Les commissaires, assurément très-savans et très-respectables, nommés par le roi pour l'examen du magnétisme, ne nièrent pas qu'il y eût des effets; seulement ils les attribuèrent aux attouchemens, aux pressions, à l'imagination, à l'imitation, et non à un agent particulier. Ils prouvèrent bien qu'on produit des effets magnétiques par l'imagination seule sans magnétisme, qu'avec le magnétisme sans imagination on ne produirait rien, etc. Ces expériences très-bien faites, sont nombreuses, ingénieuses, variées; on le croira sans peine, lorsqu'on saura qu'elles étaient faites par les Lavoisier, les Franklin, etc. On conçoit que le *moral* doit être tout-puissant pour modifier le système nerveux. Et, encore une fois, qu'importe le moyen, si l'on obtient les résultats? qu'importe aussi que la pression y contribue? qu'importe que l'imitation les augmente? qu'importe que la vue soit nécessaire, et que les sons soient utiles? l'essentiel, c'est que le somnambulisme soit produit. Puisqu'il ne s'agit que de modifier le système nerveux, tous les modificateurs sont bons.

Il faut que le *magnétiseur n'ait rien de repoussant;* on conçoit en effet que la répugnance ne peut pas disposer à recevoir l'agent magnétique. *Il faut qu'il soit bien portant;* parce que son action magnétique sera plus forte, son influence plus bienfaisante; les magnétiseurs mal portans occasionent des douleurs à leurs magnétisés. *Dans la force de l'âge, ou l'âge mûr;* parce que l'énergie de la volonté est alors à son plus haut degré. *Qu'il soit grave, affectueux;* parce que ces qualités attirent la confiance et l'abandon; et, par les mêmes raisons, *supérieur au magnétisé*, si c'est possible, etc.

De la part de celui-ci, il faut aussi qu'il veuille se soumettre, qu'il désire, et qu'il croie; ce qui le rend très-propre à recevoir l'influence magnétique. S'il est malade, affaibli, d'une constitution nerveuse, affecté de quelque maladie du système nerveux, il se trouvera dans les conditions favorables. Il est clair qu'il faut qu'il veuille se soumettre; car, sans cette volonté, sans ce désir, et sans la croyance qui les fait naître, la surface de son corps reste pour ainsi dire fermée à l'agent qu'on lui envoie. Il est à remarquer cependant, qu'après quelques séances, il n'est plus nécessaire que le magnétisé *veuille* être endormi, on l'endort malgré lui. Il m'est arrivé maintes fois d'endormir des personnes qui me suppliaient de n'en rien faire, et la malade dont parle M. Dupotet, dans son rapport des séances magnétiques de l'Hôtel-Dieu, fut plusieurs fois endormie à son insu et malgré elle. Enfin quand ces conditions réciproques se trouvent remplies, on procède à la magnétisation, qui est la chose du monde la plus simple.

On a dit avec raison que la présence de gens incrédules et malveillans empêchait la production des effets magnétiques. Je ne sais pas comment s'exerce cette influence neutralisante, mais tous les magnétiseurs l'ont observée. Je ne hasarderai aucune conjecture à ce sujet.

On a décrit de plusieurs manières les procédés de magnétisation. Chaque magnétiseur a la sienne propre. Il suffit aux uns d'imposer la main sur le front de la personne qu'on magnétise, immédiatement ou à une légère distance; d'autres posent cette main sur l'épigastre; quelques-uns sur les épaules. Ordinairement après quelques séances il n'est plus nécessaire d'imposer les mains. Il suffit de dire à la personne magnétisée : *Endormez-vous, je veux que vous dormiez*, et aussitôt elle s'endort sans pouvoir se soustraire à cet ordre. Souvent même il suffit d'en avoir la volonté sans la manifester. Il m'est arrivé souvent de vouloir endormir quelqu'un; aussitôt des tiraillemens, des pandiculations et autres symptômes précurseurs du sommeil se manifestaient : *Que me faites-vous? je vous en prie, ne m'endormez pas; vous m'endormez, je ne veux pas être endormie.* Mais on n'arrive que graduellement à une influence aussi grande. Dans les premières séances, voici comme l'on doit procéder :

On fait asseoir la personne qu'on veut magnétiser; on se place vis-à-vis d'elle, de manière à la toucher par les genoux et par le bout des pieds; alors, avec les mains, on lui prend les pouces que l'on tient jusqu'à ce qu'ils se soient mis en équilibre avec notre température. On place ensuite les mains sur les épaules, et au bout de quelques minutes on descend les mains le long des bras, en ayant soin de diriger l'extrémité des doigts sur le trajet des nerfs qui s'y répandent. Recommencez ainsi à plusieurs reprises, après quoi appliquez pendant quelques instans les mains sur l'épigastre, et descendez ensuite vers les genoux et même jusqu'aux pieds; reportez ensuite vos mains sur la tête du malade, en ayant soin en remontant de les écarter de lui, et descendez encore le long des bras et même jusqu'aux pieds. Après avoir recommencé ces pratiques plusieurs fois, on aperçoit déjà quelques phénomènes magnétiques. Le patient éprouve des tiraillemens dans les membres, de l'embarras dans la tête, de la pesanteur sur les paupières. Au bout de quelques séances le malade s'endort complétement.

Il ne faut pas que le magnétiseur pense à autre chose pendant qu'il opère; son attention doit être pleine et entière, toute distraction est funeste au succès de l'opération. Il doit témoigner de la bienveillance au magnétisé, l'encourager, le consoler, etc. Ces pratiques magnétiques soulagent presque toujours les douleurs des malades.

Il est certaines circonstances accessoires qui favorisent l'action magnétique; telles sont : l'air pur de la campagne, la belle saison, la solitude, un temps sans nuage et peu électrique, etc. Le trop grand froid et la trop grande chaleur doivent être évités avec soin.

Parmi les personnes qui exercent le magnétisme, celles qui sont vives, ardentes, enthousiastes réussissent mieux. Elles paraissent aux magnétisés jeter des flammes; tels étaient Mesmer et le père Hervier, etc. L'expression du visage aide puissamment l'action magnétique. Les regards, l'air pénétré du magnétiseur sont de puissans auxiliaires.

Lorsqu'on a obtenu le sommeil magnétique, il faut se garder de tourmenter la personne magnétisée par des questions indiscrètes. L'état où elle se trouve est un état tout nouveau et fort extraordinaire; elle se recueille, examine. Il faut attendre. Au bout de quelque temps, elle parle d'elle-même, ou fait des gestes qui vous font connaître que vous pouvez l'interroger. Il faut le faire avec prudence. On lui fait ordinairement les questions suivantes : *Dormez-vous?* — Elle répond d'une voix particulière : *Oui.* — *Combien de temps voulez-vous dormir? une demi-heure ou trois quarts d'heure? Comment vous trouvez-vous? Sentez-vous votre mal? Que voyez-vous?, etc.* Il ne faut pas la fatiguer par des questions trop nombreuses et trop difficiles. Il faut procéder graduellement. Il y a des expériences qui les fatiguent prodigieusement et leur causent des douleurs intolérables dans la tête, à l'épigastre et ailleurs; il faut en être très-sobre. Ce sont ordinairement les plus intéressantes, comme de faire reconnaître les objets placés sur une région quelconque du corps, etc. C'est ainsi qu'on obtient le somnambulisme artificiel, sans doute un des états les plus intéressans qui puissent se présenter à l'observation du philosophe.

*Théorie du magnétisme*, ou *hypothèse propre à expliquer ses phénomènes.* — Il n'y a rien de merveilleux dans le magnétisme. C'est un phénomène naturel, encore inaperçu, inouï pour plusieurs, et voilà tout. Il n'y a de merveilles, de miracles que pour les sots. Plus les peuples sont simples et grossiers et plus il y a de miracles, parce que, ignorant la plupart des phénomènes de la nature, il y a un plus grand nombre de faits qui échappent à leur connaissance, et leurs paraissent opposés à ses lois : plus les peuples s'instruisent, plus leurs connaissances s'étendent, et moins il existe des faits qui les surprennent. Lorsqu'ils en rencontrent de nouveaux, ils ne s'étonnent pas, ils ne crient pas au miracle, ils ne les nient même pas, mais ils les étudient et les rapprochent d'autres faits analogues déjà connus. Ainsi s'accroît par des anneaux successifs la chaîne des connaissances humaines. Il est à remarquer que tout ce qui est nouveau, et surtout inaccoutumé, excite en nous le rire, le mépris, ou l'étonnement. Le sage ne doit ni mépriser, ni s'étonner, il doit examiner. Certes les faits que nous avons exposés, et qui depuis long-temps ont été vus, observés et décrits par les gens les plus estimables, ne devaient pas exciter l'hilarité des prétendus savans; mais je suppose qu'enfin notre pyrrhonisme, en toute chose bien connu, notre opinion, porte quelque physiologiste à s'occuper avec bonne foi du sujet que nous traitons, devra-t-il s'étonner de ce qu'il observera? non sans doute, à moins qu'il ne s'étonne de la plupart des phénomènes de la natnre, tous au moins aussi surprenans que ceux du magnétisme animal. Certes la lumière parcourant quatre milions de lieues par minute, nous donnant la faculté de reconnaître l'existence d'objets placés à plusieurs miliards de lieues de nous, et cela dans un instant; faisant pénétrer le spectacle de l'immensité, de la nature entière par une ouverture de la grandeur d'une tête d'épingle (la pupille), est un miracle bien autrement surprenant que l'influence d'un individu sur un autre à la distance de quelques pieds. L'attraction régissant l'univers, dont le génie de Newton développa les lois, l'attraction se faisant sentir sans intermédiaire à des distances énormes d'un astre à un autre, maintenant ainsi dans l'espace et réglant dans leur cours invariable les globes célestes, n'est-elle pas encore une merveille bien autrement surprenante? et cependant qui fait attention à la magie de la lumière et de l'attraction? A peine quelques savans s'en occupent-ils, le reste des hommes jouit de leurs bienfaits sans s'en étonner et même sans y songer. Pourquoi? parce que ce sont des choses habituelles.

Il est téméraire, il est même insensé de vouloir imposer des bornes à la puissance de la nature. Quand on crie au miracle, il semble que ses lois aient été violées par une cause extraordinaire.

Et d'abord, connaît-on assez sa puissance immense pour savoir à quel point elle doit s'arrêter? Voltaire a dit : « Toutes les fois que vous entendrez raconter un fait qui ne sera pas en harmonie avec les lois de l'univers, doutez; lorsque ce fait sera ouvertement en opposition avec ces lois, dites hautement que ce fait est faux. » J'oserai n'être pas de l'avis de ce grand homme, je dirai : doutez encore. Sait-on, en effet, ce qui est ou ce qui n'est pas contraire à la marche de la nature? Il faut donc dans tous les cas s'assurer d'abord de la réalité du fait, ensuite l'étudier, et le rattacher, autant que l'état actuel des sciences peut le permettre, aux objets analogues déjà connus et classés.

Voyons donc si nous pourrons nous rendre jusqu'à un certain point raison des effets inouïs du magnétisme.

Nous pensons que *tous ces phenomènes appartiennent au système nerveux*, dont toutes les fonctions ne nous étaient point encore parfaitement connues; que *c'est à une modification, à une extension de ce système et de ses propriétés qu'on doit attribuer les effets dont nous parlons.*

Dans l'état actuel de la science tout porte à considérer le cerveau comme un organe sécrétant une substance particulière dont la propriété principale est de transmettre ou de recevoir le vouloir et le sentir. Cette substance, quelle qu'elle soit, paraît circuler dans des nerfs dont les uns sont consacrés au mouvement (à la volonté), ceux-là partent de l'encéphale ou de ses dépendances, et vont se rendre aux extrémités, les autres au sentiment, ceux-ci vont se rendre à l'encéphale. Les premiers sont actifs et les seconds passifs. On peut aujourd'hui regarder ces propositions comme démontrées. Lorsque je veux mouvoir un membre, mon cerveau envoie au muscle destiné à exécuter ce mouvement une certaine quantité d'agent nerveux qui détermine la contraction musculaire, cette transmission se fait au moyen d'un nerf que l'anatomie démontre; et si je coupe, ou si je lie ce nerf, il me devient impossible d'exécuter le mouvement, il y a paralysie. Le même phénomène a lieu pour les nerfs du sentiment; si on les détruit, la sensibilité est anéantie dans la partie d'où ils procèdent. Ces faits connus de temps immémorial sont incontestables et généralement adoptés. Ils avaient fait penser que la fonction de l'innervation était une véritable circulation. Il y avait des vaisseaux nerveux *afférens*, c'étaient ceux de la volonté; il y en avait d'*efférens*, c'étaient ceux de la sensibilité. Les travaux récens de M. Bogros, anatomiste distingué, semblent prouver matériellement ce que le raisonnement avait fait admettre. On sait qu'il est parvenu à injecter la plupart des nerfs avec du mercure.

Mais de quelle nature est cet agent? Les travaux récens aussi de MM. Prévost et Dumas portent à croire que cet agent a la plus grande analogie avec le fluide électrique. Ces physiologistes ont démontré que la contraction musculaire était le résultat d'une véritable commotion électrique; ils se proposent de suivre et de multiplier leurs expériences. Notre célèbre et malheureux ami le professeur Béclard nous a souvent entretenu d'expériences curieuses qu'il faisait à ce sujet, lorsqu'une mort prématurée vint l'enlever à la science qu'il cultivait avec tant d'éclat : il nous a dit qu'ayant mis à nu et coupé un nerf d'un assez gros volume sur un animal vivant, il avait fait souvent dévier le pôle de l'aiguille aimantée, en mettant en rapport ce nerf et cette aiguille. Mais personne n'ignore que le galvanisme substitué à l'influence nerveuse fait contracter les muscles qu'on soumet à son action. Tout le monde sait qu'on parvient à faire entrer en mouvement les muscles d'un animal mort récemment, en mettant en rapport les muscles qui s'y rendent et une pièce métallique. L'on sait comment Galvani et Volta virent et prouvèrent l'existence d'un fluide particulier, que plus tard on a reconnu pour être le même que l'électricité. L'on sait aussi que certains animaux ont la singulière propriété de sécréter, au moyen d'un appareil que la nature a disposé pour cela, une grande quantité de fluide électrique, avec lequel ils donnent à volonté de fortes commotions ; commotions quelquefois si violentes, qu'elles peuvent tuer, à une certaine distance, d'autres poissons, ou même des hommes. Le *torpedo narke*, le *torpedo unimaculata*, *marmorata*, *Galvanii*, le gymnote électrique, le *silurus electricus*, le *tetatraodon electricus* et beaucoup d'autres, possèdent cette singulière faculté. On est parvenu à apprécier la quantité et la qualité de leur fluide électrique au moyen d'électroscopes et d'électromètres très-sensibles; bien plus, on a chargé des appareils électriques, et obtenu des étincelles. Les batteries de ces divers animaux sont disposées d'une manière fort analogue aux cuves galvaniques; elles sont composées de cellules, de tubes de diverses formes, contenant un fluide gélatineux, et sont pourvues d'une multitude considérable de nerfs, venant en général de la 8e paire cérébrale.

(Humboldt, *Obs. zoolog.*, t. I, p. 49.) On s'est assuré que ce fluide électrique était sécrété par le cerveau de ces animaux, puisqu'en enlevant celui-ci, ou les nerfs qui se rendent à l'appareil, on anéantissait les effets électriques; ce qui n'avait pas lieu en enlevant les organes de la circulation qui apportent le sang dans ces batteries. Ainsi il est bien démontré que dans quelques animaux le cerveau sécrète du fluide électrique; que la contraction musculaire peut avoir lieu par un excitant électrique, etc.; considérations qui nous font fortement présumer que l'agent nerveux est du fluide électrique, ou un fluide ayant avec celui-ci la plus grande analogie. Si les expériences du Dr Pététin sont exactes, tout rapport était interrompu lorsqu'il interposait un corps isolant entre lui et ses cataleptiques. Celles-ci cessaient alors de distinguer la saveur, l'odeur, la couleur des objets présentés à leur épigastre; mais n'ayant pas répété ces expériences, je ne me permettrai pas de les affirmer ni de les infirmer. Si on pouvait les vérifier, ce serait une preuve de plus que l'agent nerveux est de nature électrique. Nous passons sous silence les preuves qu'on pourrait tirer de l'acupuncture et du perkinisme.

Quoi qu'il en soit de ces probabilités, qui, selon nous, sont puissantes, nous admettrons la circulation d'un agent quelconque; mais cet agent ne s'arrête pas aux muscles ou à la peau, il s'élance encore au dehors avec une certaine force, une certaine énergie, et forme ainsi une véritable atmosphère nerveuse, une sphère d'activité absolument semblable à celle des corps électrisés. Cette opinion est celle des plus habiles physiologistes. Reil (*Exercitatio anatomica*, fasc. 1, *de structurâ nervorum, etc.*); Autenrieth (*Physiologie*, § 1031); M. de Humboldt, etc. Dès lors tout nous semble susceptible d'une explication plausible. L'atmosphère nerveuse active du magnétiseur se mêle, se met en rapport avec l'atmosphère nerveuse passive de la personne magnétisée; celle-ci en est influencée au point que l'attention et toutes les facultés des sens externes se trouvent abolies momentanément, et que les impressions intérieures et celles que communique celui qui magnétise se rendent au cerveau par une autre voie. Cet agent nerveux jouit, comme le calorique, de la faculté de pénétrer les corps solides, propriété qui sans doute a des bornes, mais qui explique comment les somnambules sont influencés à travers les cloisons, les portes, etc.

et aussi comment ils perçoivent les qualités sapides, odorantes ou autres, à travers certains corps qui, dans l'état ordinaire, ne se laissent pas pénétrer par ces molécules. Les faits multipliés qui prouvent d'une manière irrécusable qu'on peut magnétiser à travers des corps solides, et que la présence de ces corps n'empêche pas la clairvoyance, forcent bien à admettre que l'agent nerveux ou magnétique doit passer à travers les corps. Ceci n'est pas plus étonnant que la lumière traversant les corps diaphanes, l'électricité traversant les corps conducteurs, et le calorique pénétrant tous les corps. Le mélange de ces deux atmosphères nerveuses rend très-bien raison de la communication des désirs, de la volonté, des pensées même de celui qui magnétise, avec la personne magnétisée. Ces désirs, cette volonté étant des actions du cerveau, celui-ci les transmet, au moyen des nerfs, jusqu'à la périphérie du corps et au delà; et lorsque les deux atmosphères nerveuses viennent à se rencontrer, elles s'identifient au point de n'en former qu'une seule. Les deux individus n'en forment qu'un, ils sentent et pensent ensemble; mais l'un est toujours sous la dépendance de l'autre.

Dans cet aperçu, nous n'avons peut-être pas dévoilé le vrai mécanisme des effets magnétiques; mais nous pensons que, sans nous éloigner beaucoup des faits physiologiques et physiques généralement adoptés, notre hypothèse explique d'une manière assez satisfaisante la production de ces effets. Au reste, nous ne prétendons pas que cette explication nous appartienne entièrement; elle a déjà dû se présenter à d'autres comme elle s'est offerte à nous, quoique nous l'ignorions; nous ne la donnons pas comme nôtre, mais comme assez naturelle.

La théorie de l'émanation explique aussi d'une manière satisfaisante les influences thérapeutiques que peuvent exercer des magnétiseurs sains et robustes, etc.

*Effets thérapeutiques du magnétisme.* — Ils étaient bien peu médecins, peu physiologistes et peu philosophes ceux qui ont nié que le magnétisme pût avoir des effets thérapeutiques. Ne suffit-il pas que le magnétisme détermine des changemens dans l'organisme pour conclure rigoureusement qu'il peut jouir de quelque puissance dans la cure des maladies? Dès le moment qu'une substance produit un changement quelconque dans l'économie animale, il est impossible de ne pas reconnaître qu'elle agit ; et, dès qu'elle agit, il faudrait être bien téméraire pour conclure *à priori* qu'elle ne peut jamais être utile. Il n'y a de substances vraiment sans action thérapeutique que celles qui ne produisent aucun effet : toutes celles qui font subir à notre organisation quelque changement, si faible que vous le supposiez, peuvent devenir utiles dans certaines circonstances. Plus une substance agit énergiquement et plus son utilité thérapeutique pourra être grande. Ce n'est que dans les poisons énergiques qu'on trouve ce qu'on nomme des médicamens héroïques ; seulement il faut observer, découvrir et déterminer les cas où la substance qu'on veut employer peut être avantageuse. Mais affirmer qu'une substance qui agit n'est pas et ne peut jamais devenir utile, c'est le propos d'un insensé. Pour qu'elle devienne utile, il faut étudier son genre d'action sur l'économie, tâcher d'apprécier au juste la nature des changemens qu'elle produit ; ensuite, ayant une connaissance approfondie des maladies, de leurs causes et de leur nature, on pourra apprécier dans quels cas le moyen qu'on étudie convient, et par des expériences sages on arrivera à quelque résultat utile.

Je ne pense pas qu'on puisse nier maintenant qu'il existe des phénomènes singuliers auxquels on doive donner le nom de magnétisme animal. Ainsi que nous l'avons annoncé par notre définition, ces phénomènes paraissent dépendre d'un état particulier du cerveau : eh bien ! si, par le moyen des pratiques magnétiques, ou toutes autres de nature analogue, vous pouvez jeter à volonté le cerveau et tout le système nerveux dans cet état, douterez-vous un seul instant que vous ne puissiez obtenir des effets plus ou moins marqués et plus ou moins heureux sur la santé ? Non, sans doute, je ne pense pas que le désir de nier et de faire parade de son incrédulité puisse aller jusque-là. Il faudrait méconnaître l'influence immense du cerveau et de ses dépendances sur tout l'organisme ; il faudrait ignorer que dans l'homme tout vit par le cerveau et pour le cerveau ; qu'il n'est pas une de nos molécules qui ne soit pénétrée par quelqu'une de ses ramifications, pour oser nier qu'en modifiant cet organe comme on le fait par le magnétisme, il ne doive survenir des changemens fort remarquables dans nos organes.

Nous avons traité dans notre second volume de l'*Hygiène*, de l'influence de l'encéphale sur les viscères de la vie organique, et réciproquement de l'influence de ces viscères sur le cerveau. Nous croyons avoir exposé clairement ce sujet obscur. Lorsqu'on parlait, naguère encore, de l'influence du moral sur le physique, on ne savait trop ce qu'on voulait dire. On citait bien de nombreux exemples d'influences des passions; chacun convenait que le chagrin, l'ambition, la peur, l'amour, etc., opéraient des changemens profonds dans l'organisme, changemens plus ou moins prompts; mais on ne voyait pas ou l'on ne voulait pas voir comment le *moral* agissait sur le *physique.* On se contentait de remarquer les faits, on en exprimait sa surprise, et voilà tout. Nous avons fortement appuyé (sans nous attribuer l'honneur de l'invention) pour faire comprendre que cette influence ne reconnaissait pas d'autre cause que l'influence cérébrale; que le cerveau étant fortement modifié par les passions, il modifiait à son tour tous les organes auxquels il portait l'action et le sentiment. Les modifications qu'il éprouve par les sens extérieurs, l'ouïe, (la *musique*, etc.), la vue, l'odorat, le goût, le toucher, celles qu'il reçoit par le sommeil, l'exercice de la sensibilité, de l'intelligence, et par les passions de tous les genres, se font incontestablement sentir dans tout l'organisme. Il est impossible de nier ces faits évidens, les auteurs en fourmillent; il n'est personne qui n'en ait été témoin, et peu de gens qui n'aient éprouvé eux-mêmes quelques-uns de ces effets. Comment les effets du magnétisme, si singuliers, si profonds, si énergiques sur le cerveau, seraient-ils sans action sur l'économie animale? Cela n'est pas possible par le raisonnement, et c'est bien plus incontestable encore par l'expérience.

Mais quelle sera cette puissance thérapeutique? Les expérimens qu'on a tentés l'ont-ils été par des gens sans intérêt, sans prévention, animés du seul désir de secourir leurs semblables? Ces personnes étaient-elles assez éclairées, assez philosophes pour être à l'abri de toute espèce de séduction, d'illusions ou de déceptions? étaient-elles assez probes pour qu'un motif honteux et vil ne les ait pas dirigées? Il faut l'avouer, dans les recherches magnétiques comme dans la médecine et même dans les autres sciences, le charlatanisme le plus effronté s'est introduit; il s'est emparé des découvertes, a fondé sur elles les plus méprisables spéculations, et a de la sorte éloigné les bons esprits, les gens d'honneur, de la recherche de la vérité.

De misérables charlatans, ne cherchant qu'à faire des dupes, ont donc spéculé sur le magnétisme animal. D'un autre côté, il faut l'avouer encore, la plupart des personnes qui se livraient à cette espèce de travaux, étaient des gens du monde, dépourvus de connaissances dans les sciences physiques; capables de se laisser enthousiasmer, et même de se laisser surprendre. On conçoit facilement que le vil intérêt des uns et l'ignorance des autres ne durent pas être très-propres à propager le magnétisme, à persuader les médecins et les vrais savans de son efficacité. Mais si des fripons et des dupes se sont rencontrés parmi les partisans du magnétisme, combien d'hommes d'honneur, de vrais philanthropes, d'hommes pleins d'esprit, de lumières, exempts de prévention, n'ont-ils pas cherché sincèrement à s'instruire de la vérité? et ne nous ont-ils pas transmis avec candeur une multitude de faits qui devaient au moins faire élever des doutes, solliciter un examen sérieux, au lieu de leur attirer des risées, le mépris et les sarcasmes de ceux qui se prétendaient les seuls philosophes?

La philanthropie, le désir d'être utile à son semblable souffrant, a sans doute fait exagérer la puissance du magnétisme. Le charlatanisme, passion aussi vile que la première est louable, a aussi, dans un autre but, beaucoup exagéré cette puissance. Mais cette puissance existe, elle est indubitable; c'est au médecin de l'étudier sans prévention; c'est au médecin d'en poser les justes bornes. L'influence directe de ce nouvel agent sur le système nerveux me porte à croire que son action doit d'abord s'exercer efficacement dans les maladies nerveuses, et principalement dans les maladies nerveuses générales. L'hystérie, l'hypochondrie, la mélancolie, la manie, l'épilepsie, la catalepsie, pourront en recevoir et en ont en effet reçu les influences les plus salutaires. Les spasmes de toute espèce, les crampes des muscles de la vie animale, les convulsions, une multitude de douleurs, les rhumatismes, certaines amauroses, quelques surdités, peut-être quelques paralysies, telles que celles qui succèdent à la colique de plomb, à une trop forte contraction musculaire, à l'exercice forcé d'un organe; les névralgies de tout genre, etc., doivent éprouver de la part du magnétisme une modification quelconque. Dans ces affections diverses le système nerveux étant principalement lésé, et dans le magnétisme ce système étant surtout influencé, on conçoit facilement qu'on doit obtenir des résultats dignes d'attention.

Aussi est-ce parmi ces maladies que les partisans des pratiques magnétiques affirment avoir obtenu les succès les plus surprenans. Il serait beaucoup trop long d'en citer des exemples, mais les annales du magnétisme sont surchargées de faits de cette espèce. Pour procéder avec sagesse, il faudrait bien se garder d'employer ce moyen sans distinction dans toutes les maladies que nous venons de citer. Toutes ne sont pas de la même nature, toutes ne reconnaissent pas les mêmes causes, et il est absurde de penser alors que le même moyen doive également réussir dans toutes. Il n'existe pas de panacée, et nous ne prétendons pas que le magnétisme animal en soit une. Ainsi, s'il est utile dans quelques circonstances, on peut craindre qu'il ne soit nuisible dans quelques autres. Pour éviter ce grave inconvénient, il faut étudier avec soin la nature de son action; savoir si elle est excitante, débilitante, sédative, etc. Si l'on parvient à déterminer rigoureusement cette action physiologique, on l'emploiera dans les cas où la maladie réclame l'une ou l'autre de ces médications. Alors on procèdera avec philosophie, on précisera les cas où l'on pourra s'en servir avec avantage; on pourra être utile, du moins on cessera d'être nuisible.

Mais la puissance du magnétisme sera-t-elle bornée aux maladies du système nerveux? Nous savons que le cerveau étend son empire sur tous nos organes, sur toutes nos parties. Cet organe-roi, étant par ce moyen profondément modifié, ne peut-il pas à son tour opérer quelques changemens avantageux dans un organe souffrant? en suspendant la douleur ne produira-t-il pas d'abord un premier bienfait? La douleur étant suspendue, l'appel des fluides qu'elle détermine ne sera-t-il pas aussi suspendu? les matériaux de congestion, d'irritation, d'engorgement, que ces fluides apportent, et qui augmentent le mal local, parce que l'effet augmente la cause, ne cesseront-ils pas alors d'arriver? Ne s'opposera-t-on pas de cette manière aux progrès ultérieurs du mal, et ne favorisera-t-on pas sa résolution? Nous supposons seulement la douleur suspendue, et cet effet est incontestable, et déjà nous voyons que les résultats sont immenses: que sera-ce si les expériences physiologiques prouvent d'une manière incontestable que le magnétisme active l'absorption interstitielle? Ainsi dans les maladies aiguës et même dans les maladies chroniques, l'action magnétique peut produire des effets heureux. Des expériences ou plutôt des observations devraient être entreprises avec prudence et discernement, et poursuivies avec persévérance par des médecins instruits, zélés pour le bien de l'humanité, afin de préciser le degré d'utilité auquel le magnétisme peut atteindre. Nous pensons donc qu'exercé directement sur un malade, il peut, dans quelques cas, lui être favorable.

Il s'agit maintenant d'examiner une autre question : une personne magnétisée, devenue somnambule, et somnambule lucide, peut-elle reconnaître la maladie dont elle est affectée? peut-elle en assigner la marche, la durée, la terminaison, et désigner les moyens curatifs qui doivent la guérir?

Les personnes livrées à l'étude et à l'exercice du magnétisme ne manqueront pas de répondre par l'affirmative. J'ai vu dans ce genre des exemples fort remarquables, mais ce n'était pas sous ma direction que les phénomènes s'opéraient; et bien que je professe pour mon confrère et ami M. Georget la confiance la plus entière, je ne puis ici donner mon opinion comme le résultat de mon expérience propre. Il semble que lui-même ait reculé devant le merveilleux de son observation : car, après l'avoir promise, il s'est abstenu de la publier. Tout ce que je puis dire, c'est que *j'ai vu* les sujets sur lesquels il a expérimenté; ces sujets étaient en général des épileptiques, il a suivi avec persévérance tous les moyens que lui indiquaient ses malades, quoiqu'ils parussent souvent extraordinaires, et il en a obtenu les résultats les plus avantageux. Les somnambules lucides croient voir leur intérieur : je sais bien que, même parmi ceux qui distinguent le mieux, les descriptions qu'ils donnent de leurs viscères sont toujours plus ou moins vagues, plus ou moins inexactes; elles ressemblent beaucoup à des espèces de songes; beaucoup paraissent n'annoncer que des idées préconçues : cependant j'en ai vu qui m'ont étonné par les détails qu'ils me donnaient sur les organes de la respiration et de la circulation; détails qui, bien que mêlés d'inexactitudes, n'étaient pas moins surprenans de la part de gens qui n'avaient aucune notion d'anatomie, et n'avaient jamais eu occasion de voir d'ouverture de corps. Il en est qui, comme on l'a vu, m'ont assez exactement compté le nombre de vaisseaux qui partaient du cœur; qui m'ont dit qu'ils voyaient le sang de deux couleurs; qu'il allait bien plus vite dans certains vaisseaux que dans les autres, etc. La cataleptique dont parle

Pététin lui décrivit fort bien les contractions successives des oreillettes et des ventricules. Enfin cette faculté d'avoir la conscience des organes intérieurs est si commune, qu'il est peu de somnambules qui ne la présentent pas à un degré plus ou moins prononcé. Nous savons que dans l'état naturel nous n'éprouvons dans les viscères de la vie individuelle aucune sensation; mais si les intestins deviennent malades, alors ces organes, insensibles dans l'état normal, transmettent au cerveau diverses impressions de douleur. Eh bien! lorsque l'acte magnétique a fermé les sens extérieurs à tous les excitans, et développé surabondamment la sensibilité intérieure, tous les objets renfermés dans nos cavités, et dont nous ne supposons pas l'existence dans l'état de veille, deviennent perceptibles dans cet état particulier. Ceci ne me paraît pas être en contradiction avec les lois de la nature. Le somnambule sent, a la conscience, bien plus qu'il ne voit réellement (quoiqu'il se serve de cette expression), il sent, il perçoit; il se représente d'après ses sensations les viscères de la vie individuelle. Si dans cet état d'*instinct* accidentel il reconnaît quelqu'un de ses organes malades, il est naturel qu'il cherche à l'explorer, qu'il y porte toute son attention, et qu'il parvienne ainsi à se former une idée assez juste de l'état où il se trouve. Ce premier pas est très-important. Mais la connaissance de sa maladie, à supposer même qu'elle soit juste, ce qui est loin d'arriver toujours, doit-elle le conduire à se prescrire les moyens utiles? Nous n'ignorons pas qu'il existe dans les auteurs des faits nombreux dans lesquels les somnambules malades se sont prescrit des remèdes qui les ont guéris; mais tous les partisans éclairés du magnétisme avouent que, dans cet état, on ne peut connaître que les choses que les sens externes ont apprises, ou celles qui sont actuellement soumises à l'examen : ces connaissances doivent donc être très-bornées, et souvent très-vulgaires; suffiront-elles pour guérir une maladie qui aura résisté à tous les moyens de l'art? Une chose singulière, c'est que les somnambules ne craignent pas de s'ordonner les remèdes les plus douloureux, des sétons, des moxas, des saignées abondantes, réitérées jusqu'à l'épuisement, et, chose plus singulière encore, c'est que nous avons vu ces moyens leur réussir quelquefois.

Il se présente ici une question non moins importante : une personne magnétisée devenue somnambule, et somnambule lucide, peut-elle reconnaître la maladie d'une personne pour laquelle elle est consultée et avec laquelle on la met en rapport? peut-elle, en supposant qu'elle acquière la connaissance de la maladie, prescrire des remèdes utiles?

Pour la première partie de la question nous nous déciderons pour l'affirmative. Une somnambule mise en rapport avec une personne malade éprouve ordinairement dans ses propres organes une sensation douloureuse qui lui indique quelle est chez la personne qui la consulte la partie souffrante. Nous avons dit comment nous pensons que cette communication s'opère. Il est vraisemblable que c'est par le mélange des deux agens nerveux dont les sphères d'activité se confondent. Ainsi la somnambule sent en elle-même ce qui se passe dans autrui, ou pénètre même dans les viscères de la personne mise en rapport. Ainsi je ne conteste nullement qu'une personne très-lucide ne puisse *voir* plus ou moins clairement une maladie chez un autre individu, et l'on peut tirer de cette faculté des lumières utiles. Il faut cependant avouer que les somnambules *se trompent dans la majorité des cas*, et que le désir de paraître clairvoyans leur fait affirmer qu'ils voient ce que bien souvent ils ne voient pas. Quant aux prescriptions qu'ils font, nous sommes bien loin de leur accorder notre confiance; d'abord ils n'ordonnent que des remèdes vulgaires connus dans le lieu qu'ils habitent et des personnes de leur condition, ils n'ont donc pas toutes les connaissances qu'exige le traitement des maladies; mais ce qui doit rendre surtout très-peu confiant touchant l'efficacité de leurs moyens, c'est que plusieurs somnambules consultés pour la même maladie n'ordonnent jamais les mêmes remèdes, ou des remèdes ayant les mêmes propriétés, mais des moyens différens ou même opposés; nous croyons donc peu aux facultés médicales des somnambules, ce qui n'empêche pas que des faits authentiques ne prouvent que leurs conseils ont été souvent salutaires.

*Inconvéniens et dangers du magnétisme.* — Il est incontestable pour nous que la puissance énergique dont nous avons signalé les effets peut entraîner après elle des dangers et des inconvéniens de plus d'un genre. Les partisans du magnétisme et M. Deleuze, le plus sage d'entre eux, affirment qu'il n'en existe aucun. Je serais de son avis si tous ceux qui pratiquent le magnétisme étaient des Deleuze, c'est-à-dire des gens probes, philanthropes et éclairés ; mais qu'est-ce qui empêche que le magnétisme ne soit exercé par des gens mal intentionnés, par des imprudens et des ignorans ? et certes le nombre n'en est pas petit ; et dès lors que de dangers à redouter !

Le magnétisme mal dirigé peut occasioner des accidens graves. Je l'ai vu produire des malaises généraux, des douleurs vives, des céphalalgies opiniâtres, des cardialgies violentes ; des paralysies passagères, mais fort incommodes et fort douloureuses ; un ébranlement nerveux général qui prédispose à toutes les névroses ; une fatigue excessive, une grande faiblesse, une maigreur extrême ; la suffocation, l'asphyxie ; et je ne doute pas que la mort même n'en pût être le résultat si l'on s'avisait de paralyser les muscles de la respiration ; l'aliénation mentale, la mélancolie en ont été fréquemment la suite.

Tels sont les effets fâcheux que l'on a souvent à déplorer.

Mais ces effets n'attaquent que la santé. Il en est, selon nous, de plus redoutables encore. La personne magnétisée est dans la dépendence absolue du magnétiseur, elle n'a en général de volonté que la sienne ; bien plus, quand même elle voudrait s'opposer à son magnétiseur, celui-ci peut, quand il lui plaît et comme il lui plaît, lui enlever la faculté d'agir, la faculté de parler même. C'est, avons-nous dit, un des phénomènes qu'on produit avec le plus de facilité. Quelles conséquences terribles ne peut pas avoir cette toute-puissance ? Quelle femme, quelle fille sera sûre de sortir sans atteinte des mains d'un magnétiseur, qui aura agi avec d'autant plus de sécurité que le souvenir de ce qui s'est passé est au réveil entièrement effacé. Le magnétisme, il faut le dire hautement, compromet au plus haut degré l'honneur des familles, et, sous ce rapport, il doit être signalé aux gouvernemens. Mais supposons un moment que le magnétiseur, qui est ordinairement jeune ou adulte, et doué d'une bonne santé, résiste à la facilité d'abuser de sa somnambule, que sa vertu le fasse triompher de l'attrait du tête-à-tête et de l'impunité ; que, honteux de sa lâcheté, il rejette avec horreur toute idée criminelle, ce qui est beaucoup exiger de l'humanité ; combien d'autres dangers n'existent ils pas encore ? Un magnétiseur ne peut-il pas ravir des secrets importans et les faire tourner à son avantage ? ne sait-on pas que le bonheur des familles est souvent attaché au secret de certaines circonstances ? Dans l'une on cache son origine, dans l'autre sa fortune; dans celle-ci la maladie d'un de ses membres, dans celle-là un projet ambitieux, etc. La découverte de quelqu'un de ces secrets ne peut-il pas faire le malheur d'une famille entière? Ce n'est pas tout encore. On a formellement nié l'influence des sexes; on a eu tort. Cette influence est très-puissante. La somnambule contracte envers son magnétiseur une reconnaissance, un attachement sans bornes, elle le suivrait volontiers comme un chien suit son maître. De là à une passion véritable le chemin n'est pas long. Je crois que si la violence est facile, la séduction, moins odieuse, l'est bien davantage encore. Comment voulez-vous résister à des attouchemens réitérés, à des regards tendres, à une cohabitation journalière, à des témoignages d'intérêt d'une part et de reconnaissance de l'autre? Cela n'est pas possible. L'intimité s'établit..., on peut en prévoir les suites.

Je ne prétends pas que cela arrive souvent ainsi; je sais très-bien qu'on peut magnétiser impunément des femmes qui ne sont ni jeunes ni jolies, avec lesquelles et pour lesquelles il n'y a rien à craindre. Je dirai même que cela a lieu dans la plupart des cas; mais je veux seulement dire que c'est une occasion de corruption pour les mœurs, et qu'il est des gens qui doivent succomber à la tentation, etc. Ainsi le magnétisme peut être dangereux pour la santé; il est aussi dangereux pour la morale publique. Pour obvier à de pareils inconvéniens, le gouvernement devrait en interdire l'exercice avec sévérité, et ne le permettre qu'à des gens qui offrissent toutes les garanties désirables.

*Coup-d'œil rapide sur l'histoire du magnétisme.* — Il est difficile de dire à quelle époque le magnétisme a pris naissance. Comme la plupart des découvertes, celle-ci se perd dans la nuit des temps. Il nous paraît hors de doute, en effet, que les pratiques du magnétisme aient été connues et exercées dans l'antiquité la plus reculée. Ce qu'on nous raconte des mystères, des initiations, des Sibylles, des Pythonisses, des miracles, de la magie, etc., doit être attribué au magnétisme animal. Du moins les effets du magnétisme ont-ils beaucoup d'analogie avec la plupart des phénomènes dont nous parlons, et peuvent-ils jusqu'à un certain point les expliquer et les rendre croyables. Je dis jusqu'à un certain point, car, malgré les effets extraordinaires dont le magnétisme nous rend témoins, il en est un bien plus grand nombre qu'il ne saurait reproduire, et qu'on ne peut guère s'empêcher de considérer comme le résultat de l'exaltation de l'imagination, de l'enthousiasme dont on ne peut se défendre toutes les fois qu'on assiste à un spectacle inaccoutumé. De nos jours encore un fait très-simple est dénaturé en passant de bouche en bouche, et en très-peu de temps il est porté à un tel point d'exagération qu'il cesse d'être une vérité. Il est très-vraisemblable que les néophytes, les initiés, dans leur ferveur, exagérèrent beaucoup les merveilles dont ils avaient été frappés; voilà sans doute l'origine de tous les contes fabuleux dont fourmillent les histoires de ce genre. Parmi les partisans du magnétisme j'en ai connu de tellement enthousiastes qu'ils en avaient entièrement perdu le jugement; et dans leur délire ils ne s'imaginaient rien moins que de pouvoir commander à l'Univers. Je pense donc que les phénomènes surnaturels qui ont pu se présenter dans l'antiquité, qui sans doute *ont existé réellement*, peuvent être expliqués par le magnétisme. Je pense, avec M. Deleuze, que le délire prophétique des Sibylles (je ne parle pas des prophètes que l'esprit divin animait), pouvait être une crise désordonnée de somnambulisme. Je n'entre pas ici dans la discussion de savoir si les Sibylles et les prophètes voyaient réellement dans l'avenir; je dis seulement que l'état d'exaltation où on nous les peint pourrait être comparé à celui que produiraient certaines crises magnétiques. Je crois qu'une foule de faits miraculeux trouvent une explication physiologique naturelle dans le magnétisme. Les phénomènes produits par les sorciers du moyen âge, par les fanatiques de tous les siècles, ce qu'on raconte des réformés des Cévennes, des miracles du diacre Pâris, n'étaient dus qu'à cet état particulier du système nerveux, que la nature produit souvent d'elle-même dans le somnambulisme naturel, dans la catalepsie, dans l'extase, et que l'on fait naître à volonté par les pratiques du magnétisme.

Ces pratiques furent donc connues des anciens et mises surtout en usage par les prêtres. Les recherches intéressantes de M. Thouret prouvent que les effets magnétiques et la manière de les produire étaient connus dans les siècles qui ont précédé Mesmer. Paracelse, Vanhelmont, Kisker, avaient été séduits par ses merveilles. Mais ces espèces de miracles avaient été regardés comme des fables, leurs fauteurs avaient été considérés comme des charlatans; et leurs pratiques, taxées d'impostures ou de rêveries, étaient tombées en désuétude.

Vers le commencement du dix-huitième siècle on s'occupa

beaucoup des vertus thérapeutiques de l'aimant, auquel on attribuait des succès suprenans. Vers le milieu du même siècle une foule de savans de tous les pays firent des recherches suivies sur l'efficacité de ce moyen dans une multitude de maladies ; les résultats furent divers, et ne furent pas accueillis par un consentement unanime. Un jésuite, nommé Hell, racontant à Antoine Mesmer qu'il s'était guéri d'un rhumatisme par ce moyen, qu'il l'avait aussi employé avec succès dans quelques circonstances, l'imagination de celui-ci s'enflamma. Il répéta les expériences du jésuite; établit une maison de santé; traita les malades gratuitement; envoya dans toute l'Allemagne des anneaux, des baguettes, des lames magnétisés, et toutefois obtint ou crut obtenir des succès dont il fit retentir les journaux de ces contrées. Dans le cours de ses expériences il crut s'apercevoir que l'aimant n'était pas nécessaire pour produire les effets qu'il obtenait, il en attribua la puissance à un agent essentiellement distinct de l'aimant, qui régit pour ainsi dire l'Univers. C'est de là qu'il faut dater la découverte du magnétisme animal. Voici comment le système de Mesmer est exposé dans le rapport des commissaires chargés par le roi de l'examen du magnétisme animal. « C'est un fluide universellement répandu; il est le moyen d'une influence mutuelle entre les corps célestes, la terre et les corps animés; il est continué de manière à ne souffrir aucun vide; sa subtilité ne permet aucune comparaison; il est capable de recevoir, propager, communiquer toutes les impressions du mouvement; Il est susceptible de flux et de reflux. Le corps animal éprouve des effets de cet agent; et c'est en s'insinuant dans la substance des nerfs qu'il les affecte immédiatement. On reconnaît particulièrement dans le corps humain des propriétés analogues à celle de l'aimant; on y distingue également des pôles divers et opposés. L'action et la vertu du magnétisme animal peuvent être communiqués d'un corps à d'autres corps animés et inanimés : cette action a lieu à une distance éloignée sans le secours d'aucun corps intermédiaire; elle est augmentée et réfléchie par les glaces, communiquée, propagée, augmentée par le son; cette vertu peut être accumulée, concentrée, transportée. Quoique ce fluide soit universel, tous les corps animés n'en sont pas susceptibles ; il en est même, quoiqu'en très-petit nombre, qui ont une propriété si opposée, que leur seule présence détruit tous les effets de ce fluide dans les autres corps. Le magnétisme animal peut guérir immédiatement les maux de nerfs et médiatement les autres; il perfectionne l'action des médicamens; il provoque et dirige les crises salutaires, de manière qu'on peut s'en rendre maître; par son moyen le médecin connaît l'état de santé de chaque individu, et juge avec certitude l'origine, la nature et les progrès des maladies les plus compliquées; il en empêche l'accroissement et parvient à leur guérison, sans jamais exposer le malade à des effets dangereux ou à des suites fâcheuses, quels que soient l'âge, le tempérament et le sexe. » (*Mémoire de Mesmer sur la découverte du Magnétisme animal*, page 74.) Tous les physiciens et tous les savans taxèrent les assertions de Mesmer de jongleries. L'Académie de Berlin le déclara dans l'illusion. Mesmer ne se tint pas pour battu; il répondit à toutes les attaques, et se mit à voyager. Il opéra, dit-il, diverses cures. Un Suisse, nommé Jean-Joseph Gassner, obtenait dans le même temps, au moyen de conjurations, la guérison de maladies nerveuses qu'il disait produites par le démon. Mesmer attribue ces effets au magnétisme animal. Il retourna à Vienne, fit de nouvelles expériences, et enfin vint à Paris en 1778.

Il communiqua ses opinions à des savans et à des médecins qui ne les adoptèrent pas; il chercha des malades, et assura avoir obtenu des succès. Il publia bientôt sa doctrine en vingt-sept propositions, où l'on trouve ce que nous venons de citer. Deslon, premier médecin du comte d'Artois, etc., devint le disciple et le sectateur de Mesmer, et ce fut lui qui fit les expériences sur lesquelles les membres de la commission dont nous avons parlé tirèrent leurs conclusions.

Voici comment Mesmer et ses disciples opéraient le magnétisme. Une petite cuve en bois de forme variée, ronde, ovale ou carrée, élevée d'un pied à un pied et demi, était placée au milieu d'une vaste salle. Cette cuve s'appelait *baquet*, son couvercle était percé d'un certain nombre de trous d'où sortaient des branches de fer coudées et mobiles. Les malades étaient placés à plusieurs rangs autour de ce baquet, et chacun avait sa branche de fer, laquelle, au moyen du coude, pouvait être appliquée directement sur la partie malade : une corde placée autour de leur corps les unissait les uns aux autres; quelquefois on formait une seconde chaîne en se communiquant par les mains, c'est-à-dire en appliquant le pouce entre le pouce et le doigt indicateur de son voisin : alors on pressait le pouce qu'on tenait ainsi; l'impression reçue à la gauche se rendait par la droite et circulait à la ronde. Un *forte piano* était placé dans un coin de la salle, on y jouait différens airs sur des mouvemens variés; on y joignait quelquefois le son de la voix et le chant. Tous ceux qui magnétisaient avaient dans la main une baguette de fer, longue de dix à douze pouces. Cette baguette était regardée comme le conducteur du magnétisme : elle avait l'avantage de le concentrer dans sa pointe, et d'en rendre les émanations plus puissantes. Le son, suivant le principe de Mesmer, était aussi conducteur du magnétisme, et pour communiquer le fluide au piano, il suffisait d'en approcher la baguette. La corde dont les malades s'entouraient était destinée, ainsi que la chaîne des pouces, à augmenter les effets par la communication. L'intérieur du baquet était composé de manière à y concentrer le magnétisme; les matières qu'il renfermait ne contenaient rien qui fût électrique.

Les malades, rangés en très-grand nombre et à plusieurs rangs autour du baquet, recevaient le magnétisme par tous ces moyens; par les branches de fer sortant du baquet; par la corde enlacée autour du corps; par l'union des pouces; par le son du piano et par les voix agréables qui s'y mêlaient. Ils étaient encore magnétisés directement au moyen du doigt et de la baguette de fer, promenés devant le visage, dessus ou derrière la tête, et sur les parties malades, toujours en observant la distinction des pôles; on agissait sur eux par le regard en les fixant; mais ils étaient magnétisés surtout par l'application des mains, et par la pression des doigts sur les hypochondres et sur les régions du bas-ventre; application souvent continuée pendant long-temps, quelquefois pendant plusieurs heures. Telle était la méthode de Mesmer, à laquelle on joignait encore une multitude de pratiques beaucoup trop longues à décrire. On magnétisait aussi divers corps de la nature, et entre autres des arbres, qui acquéraient alors la vertu magnétique; les personnes qui se mettaient en rapport devaient tomber en crise. On pouvait magnétiser aussi des corps inanimés, une bouteille, un verre, une tasse, etc. Voici ce qu'éprouvaient les malades soumis à l'action de ces appareils. Quelques-uns étaient calmes et tranquilles; d'autres toussaient, crachaient, sentaient quelque légère douleur, une chaleur locale ou universelle, et avaient des sueurs; d'autres étaient agités et tourmentés de convulsions, extraordinaires par leur force, leur nombre et leur durée. Dès que l'une commençait, une autre succédait; elles duraient quelquefois trois heures; les malades crachaient une eau trouble, visqueuse, et quelquefois sanguinolente : elles étaient caractérisées par des mouvemens précipités, violens, involontaires, des membres ou du corps entier, par le resserrement à la gorge, par des soubresauts à l'épigastre, aux hypochondres, des cris perçans, des pleurs, des hoquets, des rires immodérés. Rien n'était plus surprenant que ce spectacle : ces agitations, ces accidens variés, les sympathies qui s'établissaient entre tous ces individus, frappaient d'étonnement. On voyait les malades se chercher exclusivement en se précipitant les uns vers les autres, se sourire, se parler avec affection, et adoucir mutuellement leurs crises. *Tous étaient soumis à celui qui les magnétisait;* ils avaient beau être dans un assoupissement apparent, sa voix, un regard, un signe les en retirait. (Remarquez que ce sont les commissaires du roi qui parlent ainsi.) « On ne peut s'empêcher de reconnaître à ces effets constans une grande puissance qui agite les malades, les maîtrise, et dont celui qui magnétise semble être le dépositaire. »

Malgré le dédain des académies et des sociétés savantes, Mesmer et Deslon eurent une multitude de partisans. Mesmer fit des disciples et acquit une brillante fortune. Nous ne ferons pas ici la longue et fastidieuse énumération des écrits qu'on publia pour ou contre le magnétisme. Nous passerons sur-le-champ au célèbre rapport des commissaires chargés par le roi de l'examen du magnétisme animal. L'Académie des Sciences désigna Franklin, Lavoisier, Bailly, Leroy, Bory; la Faculté de Médecine nomma Darcet, Majault, Sallin, Guillotin; et la Société royale de Médecine, Poissonnier, Desperrières, Caille, Mauduyt, Andry, et Jussieu, pour suivre les expériences.

Les commissaires furent témoins des phénomènes cités plus haut; ils se soumirent au magnétisme, le pratiquèrent eux-mêmes, varièrent les expériences, et finirent par conclure : qu'il n'existait aucun fluide particulier qui méritât le nom de *fluide magnétique;* que tous les effets obtenus n'étaient que le résultat de l'imagination frappée, puisque, d'après leurs expériences, on avait obtenu les effets magnétiques sans magnétisme, pourvu que les malades crussent qu'ils étaient magnétisés; et que ces effets n'avaient pas eu lieu lorsqu'on avait magnétisé sans que les malades s'en doutassent ; ils ajoutèrent que les crises produites dans les traitemens magnétiques pouvaient être très-dangereuses et jamais utiles. M. de Jussieu seul refusa de signer le rapport de ses collègues ; il avait été plus assidu que les autres aux séances ; il fit un rapport particulier dans lequel il admettait des effluves qui s'échappaient du corps humain et agissaient sur d'autres individus.

Les partisans du magnétisme ne se tinrent pas pour vaincus. Les expériences des commissaires ne pouvaient pas être concluantes, puisqu'ils ne croyaient pas au magnétisme.

Jumelin, qui magnétisa chez le doyen de la Faculté, regardait le fluide magnétique comme un fluide qui circule dans le corps et qui en émane, mais qui est essentiellement le même que celui de la chaleur ; fluide qui, comme tous les autres, tendant à l'équilibre, passe du corps qui en a le plus dans celui qui en a le moins. Ses procédés étaient différens de ceux de Mesmer et Deslon, il rejetait la distinction des pôles.

Le rapport des commissaires fut combattu et soutenu avec beaucoup de chaleur de part et d'autre, et les magnétiseurs continuèrent leurs travaux. Ce fut dans ces recherches que M. le marquis Chastenet de Puységur découvrit le somnambulisme magnétique, le phénomène le plus curieux qu'on puisse étudier, phénomène déjà aperçu dans les cures de Mesmer, Deslon et autres. On simplifia les procédés ; on rejeta le baquet et tous les appareils dont nous avons parlé, et l'on se borna à pratiquer le magnétisme tel que nous l'avons décrit dans les paragraphes précédens.

Depuis lors le nombre des partisans du magnétisme a singulièrement augmenté ; les discussions ont cessé ; on s'est attaché à accumuler des faits nombreux et authentiques, la plus puissante base sur laquelle on doive asseoir les sciences. On a publié des ouvrages estimables sur cette matière ; ouvrages dans lesquels on s'efforce de considérer le magnétisme comme un agent qui a le plus grand rapport avec les autres agens de la nature ; on a cherché à en expliquer les effets par les connaissances physiologiques. Malheureusement plusieurs de ces écrits sont défigurés par un enthousiasme et une crédulité sans bornes. Peut-être le moment n'est pas éloigné où cet état particulier du système nerveux ne sera plus rejeté avec mépris par les uns, ni admiré aveuglément par les autres; enfin où, apprécié avec rigueur, il prendra sa place naturelle parmi les phénomènes physiologiques.

*Conclusion.* — Nous croyons pouvoir conclure de ce qui précède, 1° qu'on ne doit jamais nier un fait si extraordinaire qu'il paraisse d'abord, sans avoir cherché de bonne foi à le connaître, sans l'avoir étudié avec toute la sagesse, tout le soin qu'il semble mériter; que si l'on eût agi ainsi à l'égard du magnétisme, on serait parvenu depuis fort long-temps à en apprécier les effets, quels qu'ils soient, à leur juste valeur. 2° Que ces effets sont démontrés pour nous; mais que nous ne prétendons nullement imposer notre croyance à qui que ce soit, parce qu'il est impossible de croire aux phénomènes magnétiques, non-seulement quand on ne les a pas vus, mais encore lorsqu'on n'a pas expérimenté soi-même, quoiqu'on ait pu les observer. 3° Que ces phénomènes consistent principalement dans une modification du système nerveux telle, que les organes des sens cessent en grande partie leur action, tandis que les autres nerfs et souvent ceux de la vie individuelle revêtent les facultés sensoriales, etc. Le nerf grand sympathique et ses dépendances acquièrent la faculté de *percevoir*.

4° Qu'on produit ces phénomènes par la force de la volonté presque sur toutes les personnes qui veulent bien s'y soumettre. Qu'il est nécessaire que la personne qui agit et celle sur laquelle on agit soient dans des dispositions convenables, pour qu'il y ait des effets produits; conditions indispensables pour tous les phénomènes de la nature : car on sait, par exemple, qu'une maladie épidémique ne frappe pas tous les individus, qu'une prédisposition est nécessaire, et que ceux qui en sont frappés ne le sont pas tous également et de la même manière. Que, pour la production des effets magnétiques, c'est, *A*, de la part du magnétiseur une *volonté ferme*, *un vif désir d'être utile*, *une intime persuasion*; et l'on conçoit que ces conditions sont indispensables puisqu'elles sont des actes cérébraux; et l'action magnétique n'étant elle-même qu'un produit du système nerveux, le défaut des premières entraîne nécessairement l'anéantissement de la seconde. L'agent nerveux que fait mouvoir la volonté se mettra-t-il en mouvement si la volonté n'y est pas? Puis-je mouvoir non bras si la volonté n'y est pas, si je ne commande le mouvement? et puis-je avoir cette volonté, si je ne crois pas que cela soit possible? Qu'on cesse donc de s'étonner si l'on exige la croyance, le désir et le vouloir. *B.* De la part de la personne magnétisée les mêmes dispositions sont nécessaires pour recevoir l'influence magnétique. Il est facile de concevoir, en effet, que l'incrédulité, la tiédeur, la résistance, ne sont pas propres à rendre susceptible d'impressions de ce genre. C'est comme (s'il est permis de faire une comparaison grossière) si l'on voulait faire manger une personne qui serrerait les mâchoires. Il faut, pour ainsi dire, que les pores soient ouverts à l'agent qu'envoie le magnétiseur. Il est plus difficile d'expliquer pourquoi la présence de gens malveillans et incrédules neutralise la puissance du magnétiseur. Ces conditions étant obtenues, quelques gestes déjà décrits suffisent, au bout d'un temps plus ou moins long, suivant la susceptibilité individuelle, suivant la puissance du magnétiseur, pour faire naître les effets que nous avons exposés.

5° Que ces effets ont été connus de l'antiquité la plus reculée, mais qu'il faut venir jusqu'à Mesmer pour en avoir une idée précise, et qu'il doit en être considéré comme le véritable inventeur.

6° Que le magnétisme produisant des effets immédiats sur le système nerveux, il n'est pas déraisonnable de penser que cette influence peut déterminer des effets salutaires, d'abord dans les maladies qui affectent directement ce système, ensuite sur celles dans lesquelles il agit plus ou moins; seulement qu'il est très-important de distinguer les cas, car il est impossible que le même moyen agisse dans des circonstances opposées; que les somnambules peuvent, *jusqu'à un certain point*, connaître ce qu'ils éprouvent, mais qu'ils ne s'ordonnent jamais que des remèdes ordinaires dont ils ont déjà entendu parler, et que souvent le médecin ordonnerait en pareil cas; qu'ils peuvent encore, mais d'une manière bien vague, par des sensations particulières, savoir de quelle maladie est affectée une personne qu'on met en rapport avec eux ; mais que pour la prescription des moyens thérapeutiques, ils sont loin d'avoir les connaissances suffisantes, puisqu'ils ne peuvent ordonner que ce qu'ils connaissent dans l'état de veille, et que des somnambules différens ordonnent des remèdes différens; qu'on peut cependant chercher à mettre à profit leurs connaissances; mais qu'on ne saurait agir avec trop de prudence et de discernement.

7° Que l'agent nerveux, quel qu'il soit, est la cause génératrice des phénomènes magnétiques; que cet agent est actif et passif; qu'il paraît être exhalé à une certaine distance, ainsi que Reil et beaucoup de physiologistes du plus grand mérite l'ont pensé; que celui du magnétiseur se mêle avec l'atmosphère nerveuse de la personne magnétisée, et que c'est par cette espèce de communication que s'établissent les relations de désir et de volonté; que cet agent, extrêmement subtil, peut, ainsi que d'autres fluides, tels que le calorique, passer à travers les corps solides et opaques; qu'enfin beaucoup de probabilités portent à croire que cet agent a la plus grande analogie avec l'électricité, et que le mot de *magnétisme* est assez rigoureux et peut être conservé.

8° Qu'il peut être dangereux que le magnétisme soit exercé par toutes sortes de gens; qu'il faut beaucoup de sagesse, de prudence, de sagacité, de modération, pour en retirer de bons effets; que, lorsqu'il est appliqué intempestivement, il produit des accidens graves : l'asphyxie, la suffocation, un ébranlement nerveux général, la manie, la mélancolie, une faiblesse, une fatigue excessive, une maigreur extrême, des céphalalgies opiniâtres, etc., etc., peuvent en être les résultats fâcheux.

Que, sous le rapport de la moralité publique, nous ne croyons pas le magnétisme sans danger. La soumission, l'obéissance passive du somnambule, le mettent dans une dépendance absolue du magnétisant, qui, s'il n'est pas homme d'honneur, peut en abuser de toute manière.

9° Enfin, qu'un agent qui donne lieu à des résultats si intéressans, et qui peuvent avoir sur les progrès de la médecine une influence si grande, ne devrait pas être méprisé par les médecins zélés pour leur art et pour le bien de l'humanité; et même que le gouvernement, tout en défendant avec sévérité l'exercice du magnétisme à des gens sans aveu, devrait, en imitant les gouvernemens du Nord, provoquer des recherches authentiques et légitimes sur ce nouvel agent, instituer des établissemens où des médecins réunissant la véracité au scepticisme, le désir d'apprendre à celui d'être utile, la sagacité à l'instruction; enfin, donnant toutes les garanties que l'on peut désirer, feraient des observations suivies et multipliées tant physiologiques que pathologiques sur ce sujet important.

Dans cet article composé rapidement nous ne prétendons pas avoir donné un traité complet du magnétisme; nous avons seulement voulu exposer ce que nous en savions; prouver que, bien que ses partisans exclusifs et les charlatans en aient exagéré les effets, aient cru ou voulu faire croire à des chimères, à des absurdités; bien que les somnambules soient très-sujets à erreur, il y a cependant un état particulier et curieux du système nerveux, qui constitue le magnétisme animal, qui mérite une attention sérieuse de la part des physiologistes, des médecins et des philosophes.

Dans cet article composé rapidement nous ne prétendons pas avoir donné un traité complet du magnétisme ; nous avons seulement voulu exposer ce que nous en savions ; prouver que, bien que ses partisans exclusifs et les charlatans en aient exagéré les effets, aient cru ou voulu faire croire à des chimères, à des absurdités ; bien que les somnambules soient très-sujets à erreur, il y a cependant un état particulier et curieux du système nerveux, qui constitue le magnétisme animal, qui mérite une attention sérieuse de la part des physiologistes, des médecins et des philosophes.

www.ingramcontent.com/pod-product-compliance
Ingram Content Group UK Ltd.
Pitfield, Milton Keynes, MK11 3LW, UK
UKHW020435230726
13925UKWH00004B/1731

9 782014 057966